AF565784

MARTIN LEVIN

Der ungezähmte Wald

Eine neue Sicht auf unser wichtigstes Ökosystem

Inhaltsverzeichnis

Mahnung

Die Welt, bedacht auf platten Nutzen,
sucht auch die Seele auszuputzen;
Das Sumpf-Entwässern, Wälder-Roden
schafft einwandfreien Ackerboden
und schon kann die Statistik prahlen
mit beispiellosen Fortschrittszahlen.
Doch langsam merken's auch die Deppen:
Die Seelen schwinden und versteppen!
Denn nirgends mehr, soweit man sieht,
gibt es ein Seelen-Schutzgebiet:
Kein Wald, drin Traumes Vöglein sitzen,'
kein Bach, drin Frohsinns Fischlein blitzen,
kein Busch, im Schmerz sich zu verkriechen,
kein Blümlein, Andacht draus zu riechen.
Nichts, als ein ödes Feld – mit Leuten
bestellt es restlos auszubeuten.
Drum, wollt ihr nicht zugrunde gehen,
lasst doch ein bisschen Wildnis stehen!

Eugen Roth

Vorwort

Die Sehnsucht nach heiler Welt ist immer dann besonders groß, wenn uns die Dinge über den Kopf zu wachsen drohen, wenn technische Neuerungen uns Angst machen und wir uns vom „Fortschritt" überrollt fühlen. Bei heiler Welt denken wir nicht zuletzt an unzerstörte Naturidylle, die freie Landschaft und vor allen Dingen: an unsere Wälder.

Der Titel dieses Buchs mag daher paradox klingen: Ist denn der Wald nicht ohnehin „ungezähmte Natur"? Aber zumindest diejenigen, die mit dem Wald und in ihm arbeiten, wissen, dass unsere Wälder, von wenigen Resten abgesehen, keine natürlichen, sondern von Menschen gemachte und gestaltete Landschaftsformen sind. Seit dem Beginn der modernen Forstwirtschaft vor 200 Jahren machen sich Förster kontinuierlich darüber Gedanken, wie Wälder aufgebaut sein müssen, um einen optimalen Holzertrag und damit den größtmöglichen Gewinn zu erzielen. Das ist das Hauptanliegen der Waldbesitzer, seien es Privatleute, seien es Bund, Länder, Städte oder Kommunen. Wieviel Natur dabei zugelassen werden kann, diese Frage ist in der Regel zweitrangig.

Nach der Umweltkonferenz der Vereinten Nationen in Rio de Janeiro im Jahr 1992 beschlossen die Städte Lübeck und Göttingen jedoch, neue Wege zu wagen. Sie stellten sich die Frage umgekehrt: Wieviel menschlichen Eingriff verkraftet ein Wald, sodass man ihn noch als natürlich oder naturnah bezeichnen kann?

Auf den nachfolgenden Seiten gehen wir dieser Frage und weiteren, daran anschließenden Fragen nach: Was ist überhaupt natürlicher – *ungezähmter* – Wald? Was unterscheidet ihn von menschengemachten Wäldern? Welche Vorteile bietet er gegenüber herkömmlichen Wirtschaftswäldern? Sind ungezähmte Wälder eine realistische Alternative, vielleicht sogar in wirtschaftlicher Hinsicht? Können sie gar zur Lösung unserer aktuellen Problemlage hinsichtlich Klimawandel und Artenschwund beitragen? Und schließlich: Was können wir tun, um die negativen Tendenzen zu stoppen und dem ersehnten Ideal heiler Natur wieder ein Stück näher zu kommen?

Prolog – Kein schöner Land: Natur- und Waldverständnis in Europa

Die Westküste Europas ist erreicht, und eine halbe Stunde später blicke ich durch das Flugzeugfenster auf Wald. Heimatliche Gefühle durchströmen mich, begeistert zeige ich meinem Försterkollegen aus Gambia die Landschaft unter uns. Das ist Deutschland! Wir Förster seien stolz auf unsere nachhaltigen, naturnahen und ertragreichen Wälder!

Mein Kollege schaut eine Weile schweigend aus dem Fenster, dann wendet er sich mir zu und sagt: „Ich sehe da unten keinen Wald, ich sehe Plantagen.“ Im ersten Moment bin ich irritiert, dann werde ich nachdenklich.

Wer hat dich, du schöner Wald, / Aufgebaut so hoch da droben ... Eichendorffs Gedicht „Der Jäger Abschied“ beschreibt das innige Verhältnis, das wir Deutsche zu unserem Wald haben. Der Wald ist ein Wohlfühlort, ein Ort der Seele, des Ursprungs. Mit Wald verbinden wir Heimat schlechthin. Quer durch alle Bevölkerungsschichten und Altersgruppen geht man leidenschaftlich gerne „raus in die Natur“, und der Ausflug ins Grüne, der Waldspaziergang, ist geradezu typisch für uns Deutsche.

Anders jedoch, als vor allem im Dritten Reich propagiert, ist unsere positive Einstellung zum Wald nicht seit Urzeiten in der „Volksseele“ verwurzelt; sie hat auch nichts mit einem wie auch immer gearteten intimeren Naturverständnis von uns Deutschen zu tun. Sie ist vielmehr eine Reaktion auf die Industrialisierung des 19. Jahrhunderts und auf den damit verbundenen, sich stark beschleunigenden Wandel, der als bedrohlich empfunden wurde: Während alles sich veränderte, erschien der Wald als ein Hort der Beständigkeit. In ihm schien die gute alte Zeit bewahrt geblieben zu sein.

Der Wald, der im 19. Jahrhundert besungen und gemalt wurde, war indes schon lange kein Urwald oder Naturwald mehr. Die Wälder, die wir auf Gemälden dieser Zeit erkennen können, sind das Ergebnis „moderner" Forstwirtschaft. Caspar David Friedrichs Gemälde *Der Chasseur im Wald* zeigt einen Jäger inmitten einer Fichtenplantage, wie man sie bis heute in den Mittelgebirgen findet: Die Bäume stehen ordentlich in Reih und Glied. Kein Wunder, wurden sie doch von preußischen Förstern gepflanzt. Alle Fichten sind gleich hoch und gleich alt, unter ihnen wächst kein Kraut mehr. Der Wald, den wir Deutschen so innig lieben, entpuppt sich bei näherer Betrachtung als ein auf maximalen Holzerlös optimierter Wirtschaftswald. Und dies bereits im 19. Jahrhundert!

Die moderne Forstwirtschaft ist, wie der Diesel- und der Ottomotor, eine Errungenschaft unseres Landes, auf die wir nicht zu Unrecht stolz sind. Wir haben den nachhaltigen Waldbau erfunden: Wir ernten nur so viel Holz, wie nachwächst. Die deutsche Forstwirtschaft ist getragen von grenzenlosem Optimismus und dem Glauben an den Fortschritt. Sie markiert wie die Industrialisierung eine Aufbruchszeit und ist Kennzeichen einer neuen Epoche, die sich mit aller Kraft den Naturwissenschaften, den verbesserten Methoden der Landvermessung und der Mathematik zuwandte. Ihr Ziel ist bis heute ein möglichst großer Holzertrag. Dementsprechend ist „Waldbau" die wichtigste Disziplin der Forstwirtschaft, sie bedeutet so viel wie „Landwirtschaft mit Bäumen".

Unsere Plantagenwälder lieben wir deswegen so sehr, weil wir kaum etwas anderes kennen. Wilde, ursprüngliche Natur gibt es heute fast nirgendwo mehr. Das ist tatsächlich in ganz Europa so. Die letzten Urlandschaften in Deutschland sind das Wattenmeer, das Hochgebirge über den Almen und einige restliche Moorgebiete. Die Gründe dafür reichen gut 2.000 Jahre zurück. Wilde Natur war den Römern zutiefst suspekt, im Gegensatz zur „schönen", vom Menschen gestalteten Landschaft. Eine der ältesten bekannten

Beschreibungen der deutschen Landschaft stammt von dem Gallo-Römer Ausonius aus dem Jahr 371 n. Chr. Ihm ging das Herz auf beim Anblick des von Menschenhand gestalteten Moseltals, das bereits damals intensiv landwirtschaftlich genutzt wurde[1]. Den Hunsrück hingegen, den er ebenfalls durchquerte, schildert Ausonius als eine weglose, abweisende, Furcht einflößende Gegend, deren finsterer Wald ihm den Blick zum Himmel versperrte. Diese kulturell geprägte Sichtweise, die nur die vom Menschen gestaltete Landschaft als schön empfindet, wird von den Franken übernommen und wirkt bis ins Mittelalter hinein. In dem mittelalterlichen Epos „Heliand"[2] geht Jesus statt in die Wüste in den Wald. Was Wüste bedeutet, war offenbar unbekannt und der Wald wurde wie die Wüste als unwirtlich und unheimlich empfunden. Die Rodung des wilden Waldes, die Urbarmachung des Landes wurde so erfolgreich vorangetrieben, dass im Hochmittelalter lediglich 8 Prozent des heutigen Deutschlands noch mit Wald bedeckt waren, etwa so viel wie heutzutage im waldärmsten Bundesland Schleswig-Holstein. Erst nach der großen Pestkatastrophe, die zwischen 1350 und 1750 in ganz Europa wütete, eroberte der Wald wieder größere Flächen zurück. Heute liegt sein Flächenanteil hierzulande bei 30 Prozent.

Bis ins 18. Jahrhundert war der seit der Römerzeit umgestaltete Wald ein bedeutender Energielieferant und Holz der wichtigste Rohstoff für Haus- und Schiffsbau sowie für die Herstellung von Gebrauchsgegenständen. Der Wald diente zudem als Weideland für Schweine, Kühe, Schafe und Ziegen. In ärmeren Gegenden wurde das Laub zusammengekratzt und als Dünger auf die Felder ausgebracht. Der Wald war der Ort der mittelalterlichen Industrie: Glashütten und Köhlereien waren hier angesiedelt, Pottasche und Gerberlohe wurden

1 Decimus Magnus Ausonius: *Mosella*. Hrsg. v. Paul Dräger, Trier 2001

2 O. Behaghel / B. Taeger: *Heliand und Genesis*, Tübingen 1996

in ihm gewonnen[3]. Im Erzgebirge und im Harz lieferte er Stützbalken für die Bergwerke.

Zum Vergnügen oder zur Erholung ging damals niemand in den Wald, im Gegenteil. Aus Göttingen wissen wir, dass ihn die Bevölkerung nur für eine begrenzte Zeit im Jahr betreten durfte, und zwar um dort zu arbeiten. Ansonsten war es streng verboten.

Wie ein Urwald aussieht, wissen wir kaum noch. Der Gedanke an eine sich selbst überlassene Wildnis macht uns auch heute noch nervös. „O, schaurig ist's, übers Moor zu gehen" – so oder ähnlich heißt es in vielen Gedichten und Erzählungen, und auch der tiefe, dunkle Wald unserer Märchen zeugt von der Angst vor einer ursprünglichen, wilden, letztlich lebensfeindlichen Natur. Unsere Sprache spiegelt diese Angst wider und verrät bis heute unsere Einstellung zu Natur und Wald: Begriffe wie „verwildern", „Unkraut", „Ödland" oder „Unholz" beschreiben negative Zustände, die dort entstehen, wo der Mensch nicht ordnend eingreift. Ungestört wuchernde, sich selbst überlassene Natur gilt als unansehnlich oder gar als gefährlich.

Erst mit Alexander von Humboldt (1769–1859) änderte sich allmählich die Einstellung zur Natur – allerdings nicht in Bezug auf Europa, sondern auf Amerika. Humboldt beschrieb die Schönheit der Urwälder Amazoniens, aber auch bereits ihre Bedrohung durch die Kolonialmächte. Mit seinen umfangreichen Studien am Chimborazo, dem, wie man damals dachte, höchsten Berg der Welt, begründete er die Geobotanik. Und seine Erkenntnis, dass im Naturhaushalt alles mit allem zusammenhängt, war ein Vorgriff auf die heutige Ökosystem- und Biodiversitätsforschung.

---

3 Eine gute Quelle für die Forstgeschichte ist das Werk von Walter Kremser: *Niedersächsische Forstgeschichte. Eine integrierte Kulturgeschichte des nordwestdeutschen Forstwesens*. Rotenburger Schriften (Sonderband 32), Rotenburg (Wümme) 1990

Zu Humboldts Zeit begannen die Europäer, Nord- und Südamerika zu besiedeln. Die sogenannte Neue Welt bestand noch zu großen Teilen aus echter Wildnis, für deren Schönheit der preußische Naturforscher seinen Lesern die Augen öffnete. Trotz der Zerstörungen der Siedler blieb in einem so unendlich großen Land noch so viel Natur übrig, dass die Naturphilosophen und -forscher ein neues Verständnis von ihr entwickeln konnten. Der amerikanische Philosoph Henry David Thoreau (1817–1862) entdeckte das einfache Leben mit der Natur. Er zog in den Wald am Waldensee und bewohnte zwei Jahre lang eine selbstgebaute Blockhütte. Sein dort verfasstes Werk *Walden, oder: Leben in Wäldern*[4], in dem er das einfache Leben im Einklang mit der Natur als Gegenentwurf zur Industriegesellschaft beschreibt, ist bis heute eine der wichtigsten Grundlagen für das Naturverständnis in Nordamerika. John Muir (1838–1914) sorgte für den Schutz des Yosemite Nationalparks und wurde zum Vater der Nationalparkidee[5]. Und George Perkins Marsh (1801–1882) beschrieb in seinem Werk Man and Nature[6] eindringlich die Bedrohung der Natur durch den Menschen. Ökologie, Biodiversitätsforschung und Naturschutzbiologie sind Kinder Nordamerikas.

Europa hinkt bis heute hinterher: Erst seit den 1950er-Jahren befassen sich Geobotaniker und Forstwissenschaftler mit der Rekonstruktion des europäischen Urwalds. Dazu vergleichen sie Boden- und Klimadaten mit den Ansprüchen der heimischen Baumarten und stellen Überlegungen über mögliche Waldtypen und Waldgesellschaften an. Als hierzulande erstes Schutzgebiet seiner Art wurde 1970 der Nationalpark Bayerischer Wald gegründet. Mittlerweile gibt es in den meisten Bundesländern Nationalparks. In Berchtesgaden, im Harz, im Kellerwald, in der Eifel, im Hunsrück und im Nordschwarzwald

4 H. J. Thoreau: *Walden. Ein Leben mit der Natur*, München 1999

5 John Muir: *Our National Parks*, Boston 1901

6 G. P. Marsh: *Man and Nature or: Physical Geography as Modified by Human Actions*, 1864, University Press, Washington 2003

umfassen sie insgesamt 112.545 Hektar Wald, der seiner natürlichen Entwicklung überlassen wird. Das klingt viel, entspricht aber nur einem Prozent der insgesamt elf Millionen Hektar Waldfläche in Deutschland.

Ein Argument gegen weitere Nationalparks ist der große Bedarf an Holz, auch und gerade in Krisenzeiten. Allein für Papier liegt er bei einer halben Tonne oder 0,5 Kubikmeter Holz pro Kopf und Jahr. Dafür braucht man Wirtschaftswälder mit Hochleistungsbaumarten wie Fichte, Douglasie, Lärche, Küstentanne und Kiefer – so die landläufige Meinung.

Aber ist das wirklich so? Oder könnten wir vielleicht auch mit einem anderen Wald Holz produzieren? Mit einem Wald, der dem Urwald ähnelt, dessen Schönheit und Vielfalt an Pflanzen-, Pilz- und Tierarten uns heute, wo er für immer zu schwinden droht, bewusst wird? Anders gefragt: Wäre es in Zeiten von Klimawandel, Artensterben und Überbevölkerung nicht sinnvoller, *mit* der Natur zu arbeiten statt gegen sie? „Wir müssen den Krieg gegen die Natur beenden", forderte António Guterres auf etlichen Klimakonferenzen. Dieser Forderung kann ich nur zustimmen. In unserem Fachgebiet will ich beides in Einklang bringen: die freien Kräfte der heimischen Waldnatur und eine in allen Belangen nachhaltige Nutzung von Holz. Das Ziel ist weder Urwald noch Wirtschaftswald, sondern ein anderer, ein ungezähmter Wald.

Schlüsselmomente

Der Schattiner Zuschlag – ein Wald ohne Förster

Wir alle haben klare Meinungen, bestimmte Grundhaltungen und Überzeugungen, die wir als feste Wahrheiten abgespeichert haben. Aber manchmal erleben wir besondere Schlüsselmomente, in denen solche Einstellungen blitzartig über den Haufen geworfen werden.

So erging es einer Gruppe von Förstern im Herbst 1992 bei einer Begehung des sogenannten Schattiner Zuschlags, einem Waldstück auf dem ehemaligen Grenzstreifen der DDR, das nach der Wende an den Stadtwald Lübeck rückübertragen wurde. Auf einem ausgefahrenen

Feldweg, beidseitig gesäumt von alten Apfelbäumen, die damals voller leuchtend roter Früchte hingen, gelangt man am Ende nach einer leichten Biegung in den Wald. Rechter Hand erstreckt sich ein Fichtenbestand, angelegt in den 1960er-Jahren nach dem Kahlschlag eines naturnahen Laubmischwalds. Sobald die Grenzanlagen errichtet waren, wurde er forstlich nicht weiter betreut. Dunkel und dicht, in Reih und Glied stehen hier die Bäume, kein Halm wächst auf dem Waldboden – eine ehemalige Holzplantage, kein schöner Anblick. Linker Hand jedoch, in einer leichten Senke das gänzliche Gegenteil: ein Laubwald in den schönsten Herbstfarben, gebildet von alten, großen Buchen und Eichen. Der Waldboden ist wie ein großes Waschbrett sanft gewellt – Spuren der einstigen, frühmittelalterlichen Bodenbearbeitung. Die Bäume waren auf über 35 Meter Höhe gewachsen, und nicht nur einzelne Exemplare, sondern der gesamte Wald bestand aus Bäumen dieser Größe. Nicht wenige hatten einen Stammdurchmesser von gut einem Meter. Die Stämme waren von der Wurzel bis zum Kronenansatz über 20 Meter hoch, rund und gerade gewachsen. An Stellen, wo sich Lücken im Kronendach auftaten und die Sonnenstrahlen durchließen, hatten sich Hainbuche, Wildkirsche, Bergulme, Bergahorn und Feldahorn angesiedelt. Unter dem dichten Blätterdach herrschte das für einen alten Wald typische angenehme Klima. Die Luft war kühl und feucht, und es roch herbstlich nach Eichenfass, Moos und Erde. Die Szenerie versetzte die Gruppe in Staunen und Begeisterung und ließ sie nicht mehr los. Mit ihrem „Holzblick“ sahen die Förster überall wertvollen Rohstoff, eine wahre Schatztruhe. Dabei waren nirgends Spuren jüngerer forstwirtschaftlicher Aktivitäten zu entdecken. Die Stümpfe der gefällten Bäume waren sehr alt, ihre Zersetzung weit fortgeschritten.

Die letzten Eingriffe hatten hier 1946 stattgefunden. Die Bäume hatten sich nahezu fünfzig Jahre ungestört entwickeln können. Hainbuche, Esche, Ahorn, Ulme und Wildobst hatten den Wald nach und nach von ganz allein verjüngt und für eine großartige Vielfalt gesorgt.

Aber wie war das möglich? Das Kronendach von Buchen, so die herrschende Lehrmeinung, ist doch so dicht, dass es andere Bäume darunter schwer haben. Ohne Eingriffe eines Försters konnte eine solche Waldgemeinschaft, wie sie im Schattiner Zuschlag zu finden ist, auf Dauer eigentlich nicht bestehen.

Aber genau das war offensichtlich geschehen. Dieser Wald schien sich um forstliche Regeln nicht zu scheren. Die Frage beschlich die Gruppe, ob es ihm vielleicht gerade deshalb so gut ging, weil er fünfzig Jahre lang ungestört wachsen durfte ...

An den Laubmischwald schloss sich ein Buchen-Hallenwald an. Hier waren die Bäume mit über 40 Metern sogar noch höher, dabei deutlich jünger, die Kronen zwar etwas kleiner, aber immer noch beeindruckend. Auch hier war die Holzqualität hervorragend. Die Bäume standen sehr dicht, abgestorbene Bäume fehlten. Auch am Boden lag kein Totholz.

Die Landschaft des Schattiner Zuschlags wurde von den Gletschern der letzten Eiszeit geformt, mitten durch das Gebiet zieht sich eine noch heute deutlich erkennbare nacheiszeitliche Schmelzwasserrinne. Auf der einen Seite war sie mit Buchen und Eichen, Eschen und Hainbuchen bewachsen und erinnerte an Schluchtwälder, wie sie in Mittelgebirgen typisch sind. Auf der anderen Seite der Rinne wuchsen vornehmlich Eichen, etwa so alt wie der Buchen-Hallenwald. Auch in diesem Bereich standen die Bäume sehr dicht, die durchschnittliche Höhe betrug etwa 33 Meter.

Auffällig war hier, im Gegensatz zum gegenüberliegenden Hang, der hohe Totholzanteil. Dies warf Fragen auf: Warum starben die Eichen im Reinbestand ab, die Buchen aber nicht? Warum waren im Eichen-Buchen-Mischwald beide Baumarten gleich hoch, im Reinbestand aber unterschiedlich? Der Schattiner Zuschlag gab viele Rätsel auf, die uns seit nunmehr dreißig Jahren intensiv beschäftigen: Ein Wald, der keinen Förster kannte – und trotzdem war alles in bester Ordnung!

Der unverhoffte neue Waldzuschlag wäre für die Lübecker Stadtkasse ein Fest gewesen: Holz im Wert von mehreren Hunderttausend Euro hätte in dem 50 Hektar großen Waldstück auf einen Schlag geerntet und vermarktet werden können. Doch nach der Besichtigung war allen klar: Der tatsächliche Wert dieses Waldes war noch viel größer und in Geld gar nicht zu bemessen. Er bot die einmalige Chance, von der Natur zu lernen, wie das Leben in einem wirklich naturnahen anderen, ungezähmten Wald funktioniert. Und so ist der Schattiner Zuschlag seit 1992 Lernort und Referenzfläche. Hier wird gemessen und geforscht, die gewonnenen Daten werden systematisch analysiert und ausgewertet mit dem Ziel, die Lebensläufe und die natürliche Dynamik des Ökosystems Wald besser zu verstehen. Ziel des Ganzen ist, die gewonnenen Erkenntnisse auf andere Flächen zu übertragen, damit sich auch dort eine ähnliche positive Dynamik entwickeln kann.

Der Schattiner Zuschlag ist sozusagen Vorbild und Keimzelle einer neuen Waldbewirtschaftung, Vater aller Referenzflächen und Maßstab für einen ungezähmten Wald, in dem die Natur ihren natürlichen Lebensabläufen folgen darf, und zwar ohne dass man auf Erträge aus der Holzernte verzichten muss.

Europäischer Urwald – der unentbehrliche Lehrmeister

Gemeinsam mit einigen hessischen Förstern nahm ich 1996 an einer Exkursion nach Slowenien teil. Dušan Mlinšek, Professor für Forstwirtschaft in Ljubljana, hatte uns eingeladen. Er wollte uns seine Ideen einer behutsamen, naturgemäßen Waldbewirtschaftung näherbringen. Höhepunkt der Exkursion war der Urwald von Kočevje. Zu K.u.K-Zeiten hatte ein österreichischer Adeliger dieses Waldstück gekauft, um dort ein Sägewerk zu errichten. Der Wald bezauberte ihn aber so sehr, dass er von seinen Plänen abließ und ihn dauerhaft unter Schutz stellte.

Ich hatte tropischen Regenwald im Amazonasgebiet und Eukalyptus-Urwälder in Australien gesehen. Europäische Urwälder aber kannte ich aus eigener Anschauung nicht. Während meines Studiums in der Schweiz hatte ich lediglich darüber gelesen. Aber um eine Vorstellung von ihnen zu bekommen, muss man sie erleben. Wie also sieht ein europäischer Urwald aus?

Mein erster Eindruck: ganz anders, als ich erwartet hatte. Kein wildes Durcheinander, keine malerischen Baumruinen (wie etwa im „Urwald" Sababurg, einem Teil des Reinhardswaldes bei Kassel). Kočevje ist auf den ersten Blick überhaupt nicht als Urwald zu erkennen. Auf dem größten Teil der Fläche stehen dicke Buchen, Fichten, Tannen und Bergahorne dicht an dicht. Unter ihren Kronen ist es dunkel und feucht. Einige Tannen sind abgestorben, manche umgestürzt. Bei vielen ist das Holz so mürbe, dass man mit der Hand kleine Stücke herauslösen kann, die sich anfühlen wie ein nasser Schwamm. Die Baumruinen wirken wie ein großer Luftbefeuchter und sorgen für das besondere Klima im Waldinneren. Die Stämme der lebenden Bäume sind so gerade gewachsen wie Säulen. So viel wertvolles Holz auf engstem Raum hatte ich noch nie gesehen. „Optimalphase" nennen die Botaniker dieses Lebensstadium eines Waldes. Es ist der Zustand, den das Ökosystem von Natur aus anstrebt.

Zwischendrin, dort wo Bäume abgestorben waren, gab es kleine Lichtungen, auf denen Stämme und Äste wie beim Mikado verstreut herumlagen. Zwischen und auf dem verrottenden Holz regte sich neues Baumleben. Die Überraschung: Viele dieser jungen Waldflächen sahen so gepflegt aus, wie es sich ein Förster nur wünschen kann. Die Auslese der Bäume, die hier nachwuchsen, um später, im hohen Alter den Wald der Optimalphase zu bilden, geschah ohne Zutun des Menschen, aber gleichwohl so, als wäre sie geplant. Alles, was Förster in ihren Wirtschaftswäldern mit viel Aufwand, Mühe und Fleiß erreichen wollen, vollzog sich in diesem Wald wie von selbst und gelang perfekt. Es war sehr verblüffend.

Auf den zweiten Blick fiel uns beim Durchstreifen des 75 Hektar großen Waldes auf, dass keine Ecke der anderen glich: „Die Natur ist unberechenbar, sie wiederholt sich nie. Sie ist immer anders, immer neu“, erklärte Mlinšek. „An jeder Stelle setzt sich der Wald durch zufällige Ereignisse in einer anderen Variante zusammen und optimiert die Lebensabläufe in neuer Form.“ Im Urwald von Kočevje waren die Varianten nicht groß, aber deutlich erkennbar. Die Natur widersetzte sich in gewisser Weise der Physik: Sie optimierte den Energieeinsatz innerhalb der Lebensgemeinschaft in Form einer sehr komplexen Ordnung und schützte das Ökosystem vor schädlichen Einflüssen von außerhalb.

Dafür ein einfaches Beispiel: Die Sonnenenergie, die tagsüber auf die Erde trifft, wird im Ökosystem Wald zu einem großen Teil absorbiert und nicht wieder abgestrahlt. Die Pflanzen nutzen diese Energie, um sich eine eigene, lebensfreundliche Umgebung zu schaffen. Die Folgen sind ein eigenes Waldinnenklima, die Vermeidung von Temperaturextremen und die Beeinflussung des Wasserkreislaufs. Urwälder haben uns gewissermaßen erst das angenehme Klima beschert, das wir Menschen für ein gutes Leben brauchen.

„Mist ist die Seele der Wirtschaft.“ Mit diesen Worten wies Mlinšek auf das perfekte Recycling im Wald hin: Alles, was stirbt, wird in seine Bestandteile zerlegt und beim Entstehen von neuem Leben wiederverwertet. Der Boden steckt voller Leben, er ist eine Recyclingwerkstatt par excellence, in der Tiere, Pilze, Bakterien und Pflanzen wie eine gut geölte Maschine zusammenarbeiten und aus pflanzlichen und tierischen Rückständen Humus machen. Und damit von dieser neu gewonnenen Nahrungsgrundlage nichts verloren geht, reguliert der Wald den Wasserhaushalt. Starkregen wird durch das dichte Kronendach abgefangen, und die dichte Humusschicht saugt das Regenwasser auf wie ein großer Schwamm.

Eine zentrale Rolle spielt die Zeit: Das System braucht lange, um sich zu stabilisieren. Die Bäume müssen alt werden können, um eine

Schutzburg aus dicken Stämmen und dichtem Kronendach zu bilden. Noch länger dauert die Humusbildung im Boden. Das dortige Leben wird mit zunehmender Dauer immer reichhaltiger. Dabei wird viel CO_2 gebunden: (Ur-)Wälder sind die größten und wichtigsten Kohlenstoffspeicher der Kontinente (dazu an anderer Stelle noch mehr).

„Die Selbstpflege und die eigenen Schutzmechanismen sind die wichtigsten Instrumente im Leben der Urwaldökosysteme", erklärte Mlinšek. Das perfekte Zusammenspiel und die gegenseitige Ergänzung aller an der Lebensgemeinschaft beteiligten Organismen ist das Kennzeichen, nicht der Kampf und die Konkurrenz aller gegen alle. Die alten Bäume schaffen die besten Lebensbedingungen für die Mikroorganismen im Boden, und diese ernähren die Bäume und andere Pflanzen.

Als Förster beeindruckte mich, dass viele Schäden, die ich aus dem heimischen Wirtschaftswald kannte, im Urwald nicht vorkamen: Wurzeln waren nicht abgeschliffen, wie es beim maschinellen Herausziehen der Stämme geschehen kann. Es gab keine „Schlagschäden", die entstehen, wenn ein bei der Holzernte gefällter Baum am Stamm seines Nachbarn abrutscht und dessen Rinde verletzt. „Der Wald ist ein einzigartiger und unverzichtbarer Lehrer", so Mlinšek, „ein Vorbild für ein naturverträglicheres Verhalten von uns Menschen. Vom Urwald können wir nur lernen." Dies verstand ich als Aufforderung, darüber nachzudenken, was wir in unseren Wäldern vielleicht falsch machen.

Aus Kočevje nahm ich viele Fragen mit: Wie kann ein Wald wieder zu Urwald werden? Was können wir tun, damit ein Wald seine optimale Anpassungs- und Optimierungsfähigkeit zurückerlangt? Leben, Anpassung, Kooperation – wie können wir dazu beitragen, dass die natürlichen Prozesse möglichst ungestört ablaufen – für eine optimale Lebensgrundlage, zu unserem eigenen Nutzen? Und schließlich: Wie lässt sich eine möglichst schonende Holznutzung integrieren?

Der ungezähmte Wald – ein neuer Denkansatz

Ausgangspositionen – Einflüsse der Waldgeschichte auf die Stadtwälder von Lübeck und Göttingen

Die UN-Umweltkonferenz in Rio de Janeiro 1992 und der von dort ausgehende Aufruf zum weltweiten Schutz der Wälder, die Beobachtungen im Schattiner Zuschlag und im Urwald von Kočevje – dies alles führte bei manchen dazu, den Wald grundsätzlich neu zu denken. Die Stadt Lübeck beauftragte ihre Förster, den Stadtwald konsequent in Richtung Natur zu entwickeln. Ein Jahr lang diskutierten Experten, Umweltorganisationen und Vertreter der Bürgerschaft über das konkrete Vorgehen. Die Stadt

Göttingen schloss sich den Ergebnissen an, und mit einem feierlichen Versprechen, einem „Vertrag der Umweltorganisation Greenpeace mit beiden Städten", wurden die Wälder beider Städte in die Freiheit entlassen. Das Projekt „ungezähmter Wald" war geboren.

Die Voraussetzungen in Lübeck und Göttingen waren dabei allerdings nicht identisch, Wald ist nicht gleich Wald. Geologische, klimatische und nicht zuletzt historische Gegebenheiten bestimmen seine Eigenschaften.

In den Städten Mitteleuropas begegnen wir unserer eigenen Geschichte: Kirchen, Rathäusern, Zunfthäusern, traditionellem Handwerk, alten Regeln und Bräuchen und Festen; den Spuren von Revolutionen, Kriegen, Krankheiten, von Zerstörung und Wiederaufbau. Auch in weiter Vergangenheit liegende Ereignisse wirken sich mitunter noch heute auf unsere Gesellschaft, unsere Lebensweise und unsere Einstellungen aus. Ohne Geschichtsbewusstsein lässt sich Neues nicht begreifen.

Auch der Wald bewahrt Geschichte. Die alten Eichen im Spessart keimten in der Barockzeit. Uralte Bäume haben Luther und den Dreißigjährigen Krieg erlebt. Viele Formen der Nutzung, die die Entwicklung des Waldes beeinflussten, haben bis heute ihre Spuren hinterlassen: die Köhlerei, die Umweltgifte freisetzte; der Eintrieb von Kühen und Schweinen zur Mast; die Verwendung von Laub als Stalleinstreu.

Um das Projekt „ungezähmter Wald" zu starten, ist es wichtig, die spezifische Geschichte eines bestimmten Waldes zu kennen. Man muss wissen, aus welcher Zeit er stammt und was ihn geprägt hat.

Stadtwald Lübeck

Als alte Handelsstadt und Sitz des mittelalterlichen Städtebundes der Hanse hatte Lübeck schon immer ein großes Einzugsgebiet. Bis zum Beginn der Zeit des Nationalsozialismus war die „Krone der Hanse" ein eigener Stadtstaat wie Hamburg und Bremen. Zu Lübeck gehörten Dörfer, Wald und Landwirtschaft. Der Waldbesitz war in der Blütezeit der Stadt wesentlich größer als heute. Für die Lübecker war der Seehandel der wichtigste Wirtschaftszweig und die Quelle ihres Wohlstands. Für den Schiffbau wiederum brauchte man geeignetes Holz, wie es die Eiche liefert, stabil und dauerhaft. So wurden im Stadtwald gezielt Eichen angepflanzt oder gesät.

Von Natur aus ist die Region um Lübeck Buchenwaldland. Die Kultivierung der Eiche war mithin ein bewusster Waldumbau, die Förderung einer standortsfremden Baumart ein Eingriff in die Natur.

Für den Schiffsbau war sie von derart zentraler Bedeutung, dass in den Lübecker Wäldern sogar die Schweinemast verboten wurde. Die Stadt schickte ihre Schweine daher zur Mast in den Sachsenwald, was wiederum zu Konflikten mit den Hamburgern führte. Eine aus damaliger Zeit erhaltene Gerichtsurkunde bezeugt die Beilegung des sogenannten Schweinekrieges. In Lübeck gab es den Beruf des „Baumbiegers", der junge Eichen in eine gewünschte Form brachte: Für die Spanten der Koggen brauchte man besonders gebogene Hölzer.

Wann die Lübecker begannen, ihren Waldbesitz systematisch zu bewirtschaften, wissen wir nicht genau. Wie in vielen Regionen Deutschlands dürfte Holzknappheit der Auslöser gewesen sein. Sie ist etwa ab dem 14. Jahrhundert nachweisbar. Aus dieser Zeit stammen auch die Wirtschaftsregeln für Eichen. Regeln für andere Baumarten sind zwar nicht überliefert, aber in der „Holzzeit" des Mittelalters hatte man für jede Baumart eine spezielle Verwendung. Transportwagen wurden aus fünf bis zehn verschiedenen Hölzern gefertigt. Dünen bepflanzte man mit Kiefern, um die Dörfer vor der Versandung zu schützen. In den Flussniederungen des Stadtgebiets und auf Niedermoorflächen unterhielt Lübeck sogenannte Niederwälder zur Brennholzgewinnung. Diese bestanden überwiegend aus Erlen, die regelmäßig „auf den Stock gesetzt" wurden: Die aus dem Wurzelstock austreibenden Schösslinge (Stockausschlag) erntete man regelmäßig als Brennholz. Dem gleichen Zweck dienten auch die in Schleswig-Holstein üblichen Windschutzgehölze, die Knicks.

Mit der Entstehung der modernen Forstwissenschaft im 19. Jahrhundert begann die nachhaltige Bewirtschaftung der Wälder. Dies gilt auch für Lübeck, wo die Eiche weiterhin bevorzugt wurde. Noch bei der Inventur des Stadtwalds 1984 wurde jeder Baum dieser Art vermessen und in ein Eichenverzeichnis eingetragen. Bis heute stehen außergewöhnlich viele alte und dicke Eichen im Lübecker Stadtwald. Die durch den Schiffbau bedingte Eichenwirtschaft der Vergangenheit prägt ihn also bis heute.

Der Waldbau als Disziplin der modernen Forstwirtschaft orientiert sich an den Prinzipien der Landwirtschaft, das heißt, er erschafft Waldbeständen, die aus jeweils nur einer Baumart gebildet werden. Solche Wälder entstanden auch in Lübeck. Die Bäume waren alle gleich alt und für ganz bestimmte Zwecke gepflanzt worden: Fichten für Dachstühle, Bretter, Balken und Papier. Kiefern für den Fenster- und Schiffbau. Daneben diente die Eiche auch als hochwertiges Bauholz.

Bis in die 1980er-Jahre spielten Natur und Naturschutz keine Rolle. Bei der forstlichen Bewirtschaftung wurde darauf geachtet, dass die Bäume möglichst schnell ihre Erntereife erreichen. Zu diesem Zweck wurden konkurrierende Baumarten und negative äußere Einflüsse so weit wie möglich ausgeschaltet. Große Teile des Lübecker Stadtwalds stammen aus dieser Zeit. Der Weg zum ungezähmten Wald beginnt also auch in dieser Hinsicht mit einem naturfernen Zustand.

Stadtwald Göttingen

Die Geschichte des Göttinger Stadtwalds ist gut dokumentiert: 1346 kaufte die Stadt dem verarmten Kleinadel ein größeres Waldgebiet ab und vergrößerte ihren Waldbesitz bis zum Dreißigjährigen Krieg kontinuierlich auf 3.000 Hektar. In diesem Krieg aber ruinierten Besatzungstruppen die Wirtschaft der Stadt und ihrer Einwohner. Die Waldfläche schrumpfte und betrug Anfang des 19. Jahrhunderts nur noch 1.400 Hektar.

Göttingen ist eine typische Ackerbürgerstadt, geprägt von Bauern und Handwerkern, die davon profitierte, dass sich hier zwei Handelsstraßen kreuzten. Der Wald musste den Bewohnern Brennholz und vor allem Bau- und Konstruktionsholz liefern. Die vom Menschen geschaffene Waldform, die beides am besten liefert, formte die Wälder über 650 Jahre lang und wird von den Förstern Mittelwald genannt: Unter dem lockeren Kronendach der Altbäume wächst Jungwald, der alle dreißig Jahre zur Brennholzgewinnung geerntet wird. Aus den Wurzelstöcken der geernteten Bäume treiben im nächsten Frühjahr wieder neue Triebe aus und bilden innerhalb der nächsten dreißig Jahre neues Brennholz. Bei den Bäumen, die alt werden sollten, um Bauholz zu liefern, wurden auch in Göttingen bevorzugt Eichen ausgewählt. Jeder städtische Förster (ein Amt, das seit dem 14. Jahrhundert nachweisbar ist) war verpflichtet, jährlich mindestens hundert Eichen zu pflanzen. 1549 gab es einen städtischen Oberförster und zwei Unterförster sowie zwei städtische Hirten, die im Stadtwald die Schweine, Kühe und Schafe der Göttinger hüteten.

In die moderne Forstwirtschaft stieg Göttingen relativ spät ein. Erst 1860 wurde der Mittelwald aufgegeben und in Hochwald umgewandelt. Dabei ging man gründlich vor: Der Brennholzwald wurde gerodet, die alten Wurzelstöcke riss man mit Ketten und Pferdegespannen heraus. Nur die alten Bäume blieben stehen, ihre Samen keimten unter dem lichten Kronendach und bildeten den neuen Wald. Hatte dieser die gewünschte Größe erreicht, wurden nun die alten Bäume gefällt. Es entstand ein gleichaltriger Mischwald. Auf dem Göttinger Kalkboden besteht er aus Buche, Esche, Ulme und Ahorn. Es ist ein Altersklassenwald, der nicht gepflanzt wurde, sondern sich durch Naturverjüngung aus standortheimischen Baumarten entwickeln konnte – keine schlechte Ausgangsposition für den Weg zum ungezähmten Wald. Auf diese Weise sind 30 Prozent der heutigen Göttinger Waldfläche entstanden.

Im 19. Jahrhundert veranschlagten die Göttinger Förster und der Oberbürgermeister Georg Merkel (1829–1898), der sich sehr für „seinen Wald" einsetzte, für die Umwandlung vom Mittelwald zum Hochwald einen Zeitraum von achtzig Jahren. Diese lange Zeitspanne hatte vor allem fiskalische Gründe: Die Stadtkasse sollte kontinuierliche Einnahmen aus dem eigenen Wald erhalten, bei möglichst überschaubaren Kulturkosten. Mit der Umwandlung zum Hochwald wurde bei den qualitativ schlechteren Teilen begonnen, damit in den besseren Gebieten möglichst lange wertvolles Holz nachwachsen konnte. In den besten und hochwertigsten Arealen entstand auf diese Weise der neue Wald aus den Stockausschlägen der Brennholzbäume. Die alten Bäume wurden von diesem Nachwuchs eingeschlossen. Sie gaben den unteren Teil ihrer Krone auf und wuchsen wieder in die Höhe. So entstand ein Wald aus jungen und alten Bäumen mit unterschiedlichen Stammdimensionen und einer großen Altersspanne, von wertvoller Holzqualität und hoher ästhetischer Schönheit. Diese Flächen, die ein Drittel des Göttinger Stadtwalds ausmachen, sind die beste Basis für den ungezähmten Wald.

Ein weiteres Drittel schließlich besteht aus Erstaufforstungen, die zwischen 1880 und 1930 auf den „kargen Höhen" des östlich an die Stadt grenzenden Hainbergs vorgenommen wurden. Bürgermeister Merkel, der sich autodidaktisch in der Methode der „Karstaufforstung" weitergebildet hatte, leitete diese Maßnahme persönlich. Später veröffentlichte er darüber ein Fachbuch[7]. Die aufgeforsteten Flächen wurden von Anfang an als Erholungswald und Landschaftspark mit Wegen, Tempelchen, Sitzgruppen und Teichen gestaltet. Die

7 Georg Merkel: *Die Aufforstung der öden Kalkhöhen des Hainbergs bei Göttingen in den Jahren 1871-1882*, Göttingen 1882

häufigsten Baumarten waren Schwarzkiefer, Weißerle und Pappel. Insgesamt finden sich im Hainbergwald fünfundzwanzig Baumarten. Vierzig Jahre nach der Erstaufforstung wurden unter den herangewachsenen Bäumen weitere heimische Arten gepflanzt. So ist heute kaum noch zu erahnen, dass hier vor 120 Jahren Schafe auf Weiden grasten.

Interessant ist, dass die Stadt Göttingen forstlich immer einen eigenen, unabhängigen Weg gegangen ist. Bereits 1910 bezeichneten Oberbürgermeister und Förster ihre Art der Waldbehandlung als „naturnah". 1925 griff der damalige Stadtförster Walter Früchtenicht (1889–1945) die Gedanken des Forstprofessors Alfred Möller (1860–1922) auf, der den Wald als Organismus – heute würde man sagen: als Ökosystem – bezeichnete, den man nicht gefährden dürfe, wenn man dauerhaft Holz in ausreichender Menge ernten wolle. Er sprach deshalb von „Dauerwald". Kahlschläge waren streng verboten. Das war die erste wirklich naturnahe Forstwirtschaft.

Auf ähnliche Weise haben die Bergbauern im Schwarzwald und im Emmental jahrhundertelang ihre kleinen, zum Hof gehörenden Waldstücke bewirtschaftet, und zwar so, dass die Mengen an jungen, mittelalten und alten Bäumen immer im gleichen Verhältnis zueinander standen und die Altersstufen gut durchmischt wuchsen. Solche Wälder nennt man Plenterwälder. Früchtenicht studierte sie genau und lernte zudem in der Schweiz bei dem Forstwissenschaftler Henry Biolley (1858–1939) eine moderne Inventurmethode kennen, die genaue Zuwachszahlen lieferte. Leider haben seine Nachfolger diese Methode nicht weitergeführt, sonst hätten wir heute bessere Kenntnisse über das Wachstum des Göttinger Stadtwalds.

Die naturnahe Waldbewirtschaftung wurde, leicht modifiziert, auch in der Folgezeit im Stadtwald praktiziert. Nach dem Krieg gründete eine kleine Gruppe von Förstern die „Arbeitsgemeinschaft naturnahe Waldwirtschaft" (ANW). Ziel war es, verschiedene Methoden der angestrebten Waldbewirtschaftung vorzustellen und Grundregeln dafür zu erarbeiten. Einig waren sich die Mitglieder darin, ihre struktur- und artenreichen Wälder kahlschlagfrei zu bewirtschaften, um durch „biologische Rationalisierung" eine möglichst hohe betriebswirtschaftliche Wertschöpfung zu erzielen. Früchtenichts Nachfolger Oswalt und J. F. Conrad (1920–2020) engagierten sich von Anfang an in der ANW. Beide entwickelten im Göttinger Stadtwald ein Ernte- und Verjüngungsverfahren für Laubmischwälder, das ausschließlich mit Naturverjüngung arbeitete: den „amöboiden Femelschlag".

Die Ausgangssituation für den ungezähmten Wald war in Göttingen also insgesamt günstiger als in Lübeck. Einziger Wermutstropfen: Zwischen 1960 und 1985 ging das von Früchtenicht aufgebaute Polster an alten und starken Bäumen verloren. Durch die „Eichenpolitik" ist der Lübecker Stadtwald in dieser Hinsicht besser aufgestellt.

Auf der Suche nach dem ursprünglichen Wald – die natürlichen Waldgesellschaften und was davon noch übrig ist

Aber welcher Wald gehört denn *eigentlich* nach Lübeck und nach Göttingen? Welche Art Urwald wuchs hier einmal?

Mittelgebirge, die Norddeutsche Tiefebene, Flussauen, Gebiete mit kalkreichen und kalkarmen Böden, niederschlagsreiche Regionen wie Eifel und Schwarzwald und Trockengebiete wie das Thüringer Becken: In Deutschland herrschen sehr unterschiedliche Rahmenbedingungen. Entsprechend vielfältig waren die Urwälder, die hier einst wuchsen. Davon zeugen die Moore, einzigartige Archive der Natur. In ihrem Torf sind alle hier vorkommenden Pollenarten seit dem Ende der letzten Eiszeit vor 10.000 Jahren konserviert. Diese Archive sind zwar lückenhaft, denn die Moore sind ungleichmäßig verteilt und bedecken nur einen kleinen Teil unseres Landes. Aber das Puzzle zeigt dennoch gut, dass und wie sich der Wald im Laufe der Zeit verändert hat. Am Anfang bestanden die Wälder aus Hasel und Birke, später kamen Eiche, Hainbuche und Linde hinzu, und in jüngerer Zeit übernahm die Buche das Ruder. Wie heißt es in einem Song von Hildegard Knef? „‚Ich brauch Tapetenwechsel', sprach die Birke und macht sich in der Dämmerung auf den Weg." Die Vorstellung, dass Bäume wandern können, klingt absurd, ist aber im Kern wahr: Nach der letzten Eiszeit wanderten Bäume aus dem Süden ein. Die Buche, heute die dominierende Baumart, war die langsamste. Wir kennen sogar ihre Wandergeschwindigkeit: 150 bis 280 Meter pro Jahr.

Für eine differenziertere Beschreibung der mitteleuropäischen Urwälder werden neben den Moorarchiven zusätzlich lokale Bodenbeschaffenheiten und Klimadaten (Niederschlags- und Vegetationsperioden, Temperaturverlauf) ausgewertet und mit den Ansprüchen der verschiedenen Baumarten abgeglichen. Die unter den gegebenen Bedingungen jeweils häufigste Art gibt der Waldgesellschaft ihren Namen. Wichtige andere Baumarten oder Pflanzen der Bodenschicht und standörtliche Besonderheiten dienen als Namenszusätze. So kennen wir den „Perlgras-Buchenwald" und den „Frühlingsplatterbsen-Kalkbuchenwald", den „Hainsimsen-Buchenwald" und den „Hirschzungen-Ahorn-Eschen-Schluchtwald". Wir kennen einundvierzig natürliche Waldgesellschaften bzw. mögliche „Urwaldtypen".

Dazu gehören beispielsweise die Auwälder, die auf den Überschwemmungsflächen entlang der Flüsse und Bäche wuchsen. Durch die Begradigung und Schiffbarmachung der Flüsse sind sie heute fast vollständig verschwunden. An Üppigkeit und in ihrem Erscheinungsbild können es Auwälder mit den tropischen Regenwäldern aufnehmen. Sie beherbergen die größte Vielfalt an Baumarten. Einen kleinen Eindruck von ihrem Artenreichtum bekommt man noch an den Altarmen des Rheins zwischen Basel und Frankfurt.

Was ist sonst noch von den alten Wäldern übriggeblieben?

Größere zusammenhängende Laubwaldgebiete gibt es im Reinhardswald, im Spessart und im Steigerwald. Seit Kurzem sind naturnahe Laubwälder wie der Kellerwald und der Hainich als Nationalparks geschützt. Ein kleiner Teil wurde sogar zum Weltnaturerbe erklärt. Dazu gehört das Gebiet Grumsin mit seinem Tieflandbuchenwald. Uralte Buchenwälder mit mächtigen, dicken Bäumen gibt es in den „Heiligen Hallen“ Mecklenburgs. Naturnahe Nadelwaldgesellschaften sind außerdem in den Alpen erhalten, zum Beispiel im Nationalpark Berchtesgaden am Königssee.

Doch so alt diese Wälder auch sein mögen – Urwälder sind sie nicht. Auch sie tragen allesamt die Handschrift des Menschen. Nur knapp 30 Prozent des Waldes bestehen aus Bäumen, die hier ursprünglich heimisch waren. Das wichtigste Kriterium für „Urwaldnähe“ sind wirklich alte Wälder mit dicken Bäumen. Starke, alte Bäume gibt es nur noch auf 4,5 Prozent der Waldfläche – Tendenz sinkend.

Unsere Wälder und ihr Zustand sind immer wieder in den Schlagzeilen. Das für die Forstwirtschaft zuständige Bundesministerium veröffentlicht alle zehn Jahre einen Waldbericht mit allen wesentlichen Daten. Grundlage ist die Bundeswaldinventur, die systematisch Daten über das Alter der Waldbäume, ihre Artenzusammensetzung, den Holzvorrat und den jährlichen Holzzuwachs sowie die

Waldbesitzer, die Größe ihres Besitzes und die Art des Wirtschaftswaldes erfasst. Folgt man diesem Bericht, geht es dem deutschen Wald gut.

Zu einem anderen Bild kommt der alle zwei Jahre erscheinende Waldzustandsbericht (der zur Zeit der Entdeckung des Waldsterbens Anfang der 1980er-Jahre Waldschadensbericht hieß). Demnach setzen Klimawandel und Immissionsschäden dem Wald zu. Aber auch dieser Bericht erfasst wichtige Daten nicht, etwa die Zerschneidung der Wälder durch Straßen, Schienen, Stromleitungen, Waldwege. Auch die Tiere und Pflanzen, die im Wirtschaftswald leben, werden nicht näher erfasst. Diese Aspekte fallen in den Bereich „Artenschutz", und für den ist nicht die Forstwirtschaft, sondern das Bundesumweltministerium zuständig. Daten zu Pflanzen und Tieren, also zur biologischen Vielfalt, werden vom Bundesamt für Naturschutz erhoben. Diese Arten finden sich im Fall einer Gefährdung in den „Roten Listen" wieder.

Der Aspekt der Naturnähe wird in keinem der beiden Berichte erfasst. Diese Lücke versucht die Naturwaldakademie Lübeck mit einem alternativen Waldzustandsbericht[8] zu schließen. Darin werden die Daten und die Karte der natürlichen Waldgesellschaften mit den Daten und der Karte der Wirtschaftswaldtypen zusammengeführt. So wird sichtbar, in welchen Wirtschaftswäldern noch Baumarten der natürlichen Waldgesellschaften vorkommen und welche Wälder von Bäumen gebildet werden, die dort von Natur aus nicht wachsen würden. Außerdem wird gezeigt, wie viel von den natürlichen Waldgesellschaften mit den darin vorkommenden und auf sie angewiesenen Arten noch vorhanden ist. Aus dem alternativen Waldzustandsbericht kennen wir zum Beispiel die Gesamtflächen der natürlichen Buchen- und Eichenwaldgesellschaften, der natürlichen

8 Thorsten Welle: *Alternativer Waldzustandsbericht*, Naturwaldakademie Lübeck 2018

Auwälder und der natürlichen Fichtenwaldgesellschaften. Auch die Entwicklung ist ablesbar. Da inzwischen die Ergebnisse von drei Bundeswaldinventuren vorliegen, lässt sich erkennen, ob naturnahe Wälder mit heimischen Baumarten zu- oder abnehmen. Die Inventuren erfassen auch das Alter der Bäume. Das Alter eines Waldes lässt wiederum Rückschlüsse auf die Qualität der biologischen Vielfalt zu: je älter, desto artenreicher.

Das Ergebnis der Untersuchung: Nur noch zwei natürliche Waldgesellschaftstypen sind mit ausreichenden Flächenanteilen in den bundesweiten Wirtschaftswäldern vertreten. In allen anderen Waldgesellschaften wird der größte Flächenanteil entweder von Baumarten eingenommen, die nicht zur natürlichen Waldgesellschaft gehören, oder die potenziell natürliche Waldfläche wird heute anders genutzt. So ist beispielsweise die natürliche Gesellschaft der bodensauren, feuchten Eichenwälder in Deutschland fast vollständig verschwunden.

Was können wir tun, um die Reste unserer ursprünglichen Wälder und damit die biologische Vielfalt zu erhalten? Die Lösung wäre, die naturnahen Wälder sich so entwickeln und alt werden zu lassen, dass sich dort wieder der ursprüngliche Lebensraum in seiner ganzen Fülle ausbilden kann.

Für die besonders gefährdeten natürlichen Waldgesellschaften empfiehlt die Waldakademie einen besonderen Schutzstatus, damit die Bäume ein ausreichendes Alter erreichen können, was wichtig wäre, um den Artenschwund zu stoppen.

Der bisherige Umgang mit Wald – Landwirtschaft mit Bäumen

Nachhaltigkeit – Die Geburt eines neuen Begriffs

1713 schrieb Hans Carl von Carlowitz ein Buch, das ihn zur Legende machte: *Sylvicultura oeconomica – Anweisung zur wilden Baumzucht.* Carlowitz war sächsischer Wirtschaftsminister. Er kümmerte sich vor allem um den Bergbau im Erzgebirge, denn der spülte Geld in die notorisch knappe Staatskasse. Und Bergbau geht nicht ohne Holz. Um die Stollen abzustützen und zu sichern, werden Unmengen an

Balken benötigt, und das verwendete Material muss eine Besonderheit aufweisen. Es soll knacken, bevor ein Stollen einstürzt, und so die Bergleute warnen. Hörte ein Bergmann ein solches Knacken, konnte er sich noch rechtzeitig in Sicherheit bringen.

Immer wieder wurde im Erzgebirge das Holz so knapp, dass der Bergbau vorübergehend eingestellt werden musste – angesichts des großen Geldbedarfs eines Landesfürsten, der seine Hauptstadt Dresden mit Prunkbauten und Schlössern schmückte, eine wahre Katastrophe. Carlowitz' Ziel war es daher, die Holzproduktion in den Wäldern und den Holzverbrauch so ins Gleichgewicht zu bringen, dass eine kontinuierliche und zuverlässige Versorgung der Bergwerke gewährleistet war. Er nennt dieses Gleichgewicht „nachhaltig", ein Wort, das bis heute eine beispiellose Karriere gemacht hat – zuallererst bei den Förstern, die es auf die Holzproduktion beziehen.

1800–1900: ein neuer Umgang mit dem Wald unter dem Namen „Forstwirtschaft"

Von Carlowitz veröffentlichte sein Werk ein Jahr vor seinem Tod. Zwanzig Jahre später erschien eine zweite Auflage. Seine Forderung der Nachhaltigkeit sollte sich aber erst 80 Jahre später durchsetzen. Um eine kontinuierliche Holzproduktion aufzubauen, muss man wissen, wie groß ein Wald ist. Zu Carlowitz' Zeiten gab es noch keine exakte Landvermessung. Die Größe der Grundstücke wurde grob geschätzt: Ein „Tagwerk" oder ein „Beritt" beschrieb die Größe einer Fläche anhand der Zeit, die für ihre Bewirtschaftung benötigt wurde, beziehungsweise die es brauchte, um sie mit dem Pferd zu umrunden. Erst ab 1820 ermöglichte die von Carl Friedrich Gauß (1777–1855) entwickelte trigonometrische Landvermessung flächengenaue Kataster und exakte Karten. In dieser Zeit bildet sich die Forstwissenschaft zu einer eigenständigen Disziplin heraus. In den zur gleichen Zeit gegründeten Forstschulen wurden mit naturwissenschaftlichen und betriebswirtschaftlichen Methoden nachhaltige Formen der Holzproduktion errechnet.

Das damals neue Verfahren ist so einfach wie genial: Die Waldbäume werden in Altersklassen eingeteilt, denen gleich große Teilflächen zugewiesen werden, wie die Jahrgänge einer Schule. Die Teilflächen entsprechen den Klassenzimmern. In der ersten Klasse stehen die ein- bis neunzehnjährigen Bäume, in der zweiten die zwanzig- bis neununddreißigjährigen, in der dritten die vierzig- bis neunundfünfzigjährigen und so weiter. Diese Einteilung des Waldes gibt ihm den Namen: „Altersklassenwald". Jede Baumart hat ihre eigene Schule. Die Fichtenschule hat fünf Klassen, sie wird 100 Jahre alt, die Buchenschule hat acht Klassen, die Buchen können also 160 Jahre alt werden. Die älteste Klasse wird innerhalb von zwanzig Jahren komplett geerntet, an ihrer Stelle entsteht die nächste jüngste Klasse. Die verbleibenden Teilflächen rücken jeweils eine Klasse vor. Alle Klassen werden „forstlich gepflegt": Schlechte Bäume werden herausgenommen, um guten Exemplaren mehr Platz zum Wachsen zu geben. Dieser Vorgang wird „Durchforstung" genannt. (Ausführlich ist er in Kapitel V.4 beschrieben.) Je nach Alter der Bäume erhält man auf diese Weise Holz unterschiedlicher Stärke und Qualität – für Bohnenstangen, Zaunpfähle, Dachlatten und -balken. Zur Berechnung der Nachhaltigkeit werden die geplanten Holzerntemengen aller Teilflächen addiert. Anschließend wird der Holzzuwachs auf allen Flächen berechnet und mit der Erntemenge verglichen. Im Idealfall sind beide Mengen gleich groß. Ist dies nicht der Fall, wird die Holzerntemenge dem Zuwachs angepasst.

Dieses Verfahren der nachhaltigen Holzproduktion gilt im Prinzip bis heute. Wie zu Zeiten von Carl von Carlowitz hat der Staat auch heute ein Interesse daran, dass sich alle Waldbesitzer daran halten. Die Forstbehörden legen fest, wie viel Holz die Waldbesitzer pro Jahr maximal nutzen dürfen. Der Fachbegriff dafür lautet „Hiebsatz". Seine Einhaltung wird regelmäßig kontrolliert.

Im Wald und außerhalb des Waldes ist unser heutiges Landschaftsbild von klar voneinander getrennten Teilflächen geprägt. Die verschiedenen Altersklassen wachsen auf klar abgegrenzten Teilflächen und werden wie Felder durch Wege begrenzt. Aus dem Flugzeug ist das gut zu erkennen: Unsere Landschaft erinnert an ein Schachbrett. Auf manchen Teilflächen stehen Mais und Gerste, auf anderen Fichten und Buchen. So wird aus der Luft die enge Verwandtschaft der neueren Disziplin Forstwirtschaft mit der Landwirtschaft deutlich. Der Bauer nennt seine Flächen Felder, der Förster Abteilungen. Beide haben klare Ernteziele: Gerste der eine, Fichtenholz der andere. Forstwissenschaft und Förster versuchen seit jeher, die Waldbewirtschaftung zu optimieren. Die Disziplin „Waldbau" sucht nach Baumarten, die unter den jeweiligen Standortbedingungen den maximalen Ertrag an Holz pro Jahr und Fläche liefern. Fichten und andere Nadelbäume wachsen schneller. Sie liefern höhere Volumenerträge und sind vielseitiger einsetzbar als Buche und Eiche.

Die klare Trennung von landwirtschaftlich und forstwirtschaftlich genutzten Flächen, die im 19.Jahrhundert von der neuen Forstwirtschaft gefordert und letztendlich auch durchgesetzt wurde, führte zum Verschwinden von Nebenerwerben im Wald, die über 1000 Jahre lang praktiziert wurden wie etwa die Schweinemast im Wald. Den fantastischen Schinken beispielsweise, dem Eicheln seinen typischen Geschmack verleihen, gibt es heute nur noch in Spanien. Mit dem Wegfall derartiger Nebennutzungen von Eiche und Buche stieg der Nadelholzanteil seit dem 19. Jahrhundert kontinuierlich an. Heute sind Fichte und Kiefer die „Brotbäume" der Forstwirtschaft. Sie wachsen auf mehr als der Hälfte der Waldfläche.

Der nächste Schritt in der forstwirtschaftlichen Logik ist die Suche nach noch ertragreicheren, das heißt schneller wachsenden Bäumen. In Nordamerika gedeihen weit mehr Arten als bei uns: riesige Mammutbäume, gigantische Douglasien, schnellwüchsige Roteichen und eine Vielzahl von Kiefernspezies, die in ihrem Wachstum die in

Europa heimische Kiefer weit in den Schatten stellten. Es wurde eifrig und systematisch ausprobiert, welche dieser Baumarten auch bei uns nutzbar gemacht werden könnten. Auch mit Züchtungen wurde experimentiert. Die Balsampappel-Hybriden, die einen dreifachen Chromosomensatz im Zellkern haben, wachsen unter optimalen Bedingungen tatsächlich in nur achtzehn Jahren zu dicken, erntereifen Bäumen heran.

Für die Berechnung des Hiebsatzes ist es wichtig zu wissen, wie die Wälder wachsen. Um dies zu bestimmen, wurden Pflanzungen bis zur Ernte regelmäßig vermessen und nach genau festgelegten Verfahren behandelt. Um Fremdeinflüsse durch andere Baumarten auszuschließen, wurden diese Wälder jeweils nur aus einer Baumart gebildet. Anhand der Messungen entstand ein Tafelwerk, in dem jeder Förster heute nachlesen kann, wie sich Buche, Eiche, Fichte, Kiefer oder Douglasie auf nährstoffarmen bis nährstoffreichen Böden entwickeln und wie sich Holzvorrat und Ertrag verhalten, wenn in den Beständen weniger oder mehr Holz geerntet wird. Diese Tafelwerke, Ertragstafeln genannt, wirken auf den ersten Blick genial: Je nach Alter und Höhe der Bäume kann man an ihnen die Wuchsleistung ablesen und damit die Erntemengen bestimmen.

Die deutschen Förster waren und sind auf diese Art der Waldbewirtschaftung stolz. Das ist verständlich, denn sie garantierte ertragreiche Wälder mit genau messbaren Holzerträgen. So wurde dieses Verfahren ein echter Exportschlager. Deutsche Förster bauten beispielsweise die Forstwirtschaft in Indien auf. Und nach Nordamerika ausgewanderte Landsleute begannen, die dortigen Urwälder nach deutschem Vorbild in ertragreiche Wirtschaftswälder umzuwandeln, die heute die Grundlage der amerikanischen Forstwirtschaft bilden. Die Liste ließe sich fortsetzen. Bis heute ist ein deutscher Förster bei seinen Kollegen in allen waldreichen Ländern der Welt hoch angesehen. Er gilt als jemand, der weiß, wie man mit dem Wald umgeht. Ein typisches Beispiel habe ich bei einem Besuch in Australien erlebt. Ich stellte mich der Forstverwaltung als Kollege aus Deutschland vor und bat um eine Führung durch den australischen Wald, da ich einheimische Eukalyptuswälder kennenlernen wollte. Stattdessen wurde mir mit großem Stolz ein Altersklassenwald nach „deutscher Försterlehre" präsentiert, der aus einer nordamerikanischen Kiefernart bestand, dunkel und eintönig wie ein Fichtenwald im Sauerland. Die australischen Kollegen wunderten sich über meine mangelnde Begeisterung: „Sie wollen wirklich Eukalyptuswald sehen? Die bringen doch viel zu wenig Ertrag! Die sind doch nur etwas für Naturschutzgebiete und Nationalparks."

Grenzen und Rückschläge

Die neuen, ertragreichen Wälder sind im Grunde Plantagen. Da der gesamte deutsche Wald bereits im Mittelalter umgewandelt wurde und mit Urwald nichts mehr gemein hat, fiel bei der Umstellung auf Altersklassenwälder allenfalls auf, dass es unter den Bäumen dunkler wurde. An die Stelle lichter Laubwälder traten dunkle Nadelholzplantagen. Einige Bauern mögen damals den Verlust von Weideflächen im Wald beklagt haben, ansonsten arrangierte man sich mit der neuen Landschaft.

Eine Insektenart profitierte besonders von der neuen Situation. In der natürlichen Heimat der Fichte, dem Hochgebirge, bilden dieser Nadelbaum und die ihn begleitenden Borkenkäfer ein ausgewogenes Ökosystem, das für beide Seiten vorteilhaft funktioniert: Kranke Fichten liefern dem Borkenkäfer Nahrung. Der Käfer sorgt mit seinen Larven für ein schnelles Absterben der geschwächten Bäume und schafft so günstige Bedingungen für eine neue Fichtengeneration. Anders als im Hochgebirge jedoch leben die Fichten in unseren heutigen Wäldern wie Mastschweine: dicht gedrängt, gleich alt, anfällig für Krankheiten. Auf den Böden des Hügel- und Tieflandes wachsen sie viel schneller als im Hochgebirge. Das bringt auch Nachteile mit sich, denn das schneller gewachsene Holz ist weitlumiger und wird leicht von holzzerstörenden Pilzen befallen. In heißen Sommern geraten zudem alle Fichten gleichzeitig unter Stress. Ein wahres Festmahl für die Borkenkäferlarven, die sich über die doppelt geschwächten Fichten hermachen. Sie verhalten sich gemäß ihrer Natur, aber jetzt in ganz anderen Dimensionen: Sie vermehren sich rasend schnell und können innerhalb eines Sommers einen ganzen Fichtenbestand vernichten. In den Trockenjahren 2018 und 2019 hat der Borkenkäfer in Deutschland rund 230.000 Hektar Fichtenwald zerstört. Das entspricht nahezu der Fläche des Saarlandes. Ähnlich bedroht sind die Kiefernwälder in Mittel- und Ostdeutschland. Hier ist nicht der Borkenkäfer das Problem, sondern ein Schmetterling mit dem schönen Namen „Nonne".

Die Nadelholzplantagen sind zudem brandgefährdet. Aus Südeuropa kennt man die Gefahr von Waldbränden seit Langem, aber auch hierzulande nehmen sie zu und werden zu einer Bedrohung.

Eine weitere Gefahrenquelle sind Stürme, die Fichten- und Kiefernmonokulturen in kürzester Zeit umwerfen können. Da die Bäume einer Monokultur die gleiche Form haben, schwingen sie auch im selben Takt.[9] Oftmals reichen einige kräftige Sturmböen, um einen Dominoeffekt auszulösen. Auch Schneebruch ist eine Gefahr für gleichalte reine Nadelholzwälder: Wenn im späten Frühjahr noch einmal Schnee fällt, ist er oft so nass und schwer, dass die Kronen junger Föhrenpflanzungen unter seiner Last zusammenbrechen. Die heimischen Laubbäume sind in dieser Jahreszeit noch ohne Laub und daher nicht von Nassschnee bedroht. Die Bekämpfung all dieser Gefahren ist zu einer Hauptaufgabe der

9 Fichten mit gleicher Gestalt in einer Monokultur schwingen bei Sturm im selben Takt, sie haben die gleiche „Resonanzfrequenz". Deswegen genügen mitunter wenige Böen, die in der Resonanzfrequenz der Bäume blasen, um die Eigenschwingung so sehr zu verstärken, dass die Bäume umknicken oder entwurzelt werden.

Förster geworden: Feuerwachtürme besetzen, Brandschneisen anlegen, Borkenkäfernester und andere Schadinsektenpopulationen ausmachen und beseitigen und vieles mehr.

Nachhaltigkeit will sich angesichts dieser massiven Probleme nicht so recht einstellen. Der Ausfall größerer Flächen reißt Lücken in die sorgsam aufgebaute Altersklassenfolge, Förster müssen reparieren und improvisieren, eine nachhaltig gleichhohe Holzernte, wie sie von Carlowitz anstrebte, ist immer schwerer zu erreichen.

Die Idee, den deutschen Wald mit Exoten aus anderen Kontinenten zu „bereichern", führte ebenfalls in eine Sackgasse. Mitteleuropa hat deswegen so wenige Baumarten, weil die Alpen während der drei Eiszeiten ein Ausweichen der Bäume nach Süden erschwerten. Manche Arten starben deswegen während der Kälteperioden einfach aus. In Nordamerika konnten alle Baumarten nach Süden ausweichen, weil sich ihnen kein Gebirge in den Weg stellte. Entsprechend hat sich dort eine viel größere Baumartenvielfalt erhalten können. Dass außereuropäische Bäume auch bei uns gut gedeihen, zeigen die großen botanischen Gärten aus der Kolonialzeit, zum Beispiel der Royal Botanic Garden in Kew bei London. 1605 wurde dort die erste Weymouthskiefer gepflanzt. Sie wird auch Strobe genannt und stammt aus Nordamerika. 1705 gelangte der Baum aufs Festland und in viele mitteleuropäische Gartenanlagen. Diese Kiefer wächst sehr schnell und hat ein relativ weiches, aber sehr widerstandsfähiges Holz, das von den Engländern zum Beispiel für Segelschiffmasten verwendet wurde. Anfang des 19. Jahrhunderts begann man sie auch in hiesigen Wäldern anzupflanzen. Der Erfolg war so überzeugend, dass dies bald sehr großflächig geschah. Der Rückschlag erfolgte 1854: Weymouthskiefern erkrankten an einem Pilz, den man bisher nur von der sibirischen Zirbe kannte. Der so genannte Strobenrost breitete sich vom Baltikum über ganz Europa aus und vernichtete die Weymouthskiefernbestände fast vollständig. Schlimmer noch: Der Pilz gelangte auch in deren ursprüngliche Heimat und befiel dort nicht nur die Weymouthskiefer, sondern auch fünf weitere einheimische Kiefernarten. Bis heute richtet er in Nordamerika große Schäden an.

Aus den Erfahrungen versuchte man zu lernen. Man verglich die Standorte der außereuropäischen Baumarten in ihrer alten Heimat mit denen in ihrer neuen Heimat und experimentiert auf Versuchsflächen. Ob künftige Katastrophen damit verhindert werden können, ist fraglich. Ungeachtet dessen pflanzt die mitteleuropäische Forstwirtschaft großflächig Wälder aus Exoten an: Douglasie, Roteiche, japanische Lärche und nordamerikanische Tannenarten gehören inzwischen zum erweiterten Spektrum hiesiger Wälder. Und der Trend hält an: Als „Gegenmaßnahme" gegen Klimaschäden wird derzeit die Anpflanzung von Riesentanne[10] und Blauglockenbaum propagiert.

1900: Zurück zur Natur – ein neues Lebensgefühl und seine Auswirkungen auf die Forstwirtschaft

Wandervogelbewegung, Freikörperkultur, Lebensreform – zu Beginn des 20. Jahrhunderts entwickelte sich ein Lebensgefühl, das unter dem Motto „Zurück zur Natur" zusammengefasst werden kann. Dass der Wald dabei eine wichtige Rolle spielte, versteht sich von selbst. Der Zeitgeist und die negativen Erfahrungen des 19. Jahrhunderts führten zu einer Neuorientierung auch in der Forstwissenschaft. Ins Blickfeld des Interesses rückten erstmals die bis dahin vernachlässigten Bauernwälder im Schwarzwald und im Emmental, die Nachhaltigkeit, Stabilität und Ursprünglichkeit auf kleinster Fläche bieten. Der bäuerliche Plenterwald wurde zum neuen Ideal eines guten und schönen Waldes. An der Forsthochschule Eberswalde, wo Prof. Alfred Möller (1860–1922) Forstwirtschaft lehrte, sprach man vom „Dauerwald",

10 Botanische Namen: *Abies grandis* bzw. *Paulownia tormentosa*.

einem Wald ohne Kahlschläge, der auf die „Lebensgemeinschaft Wald" Rücksicht nimmt[11]. Möller war einer der ersten, der den Wald als Ökosystem betrachtete. Er legte Waldflächen an, die bis heute nach seinen Vorstellungen gepflegt werden und sowohl durch ihre Ästhetik als auch durch ihren Holzertrag beeindrucken. Die Oberförster der Stadtwälder von Göttingen und Lübeck waren Schüler Möllers. Walter Früchtenicht wandelte den Göttinger Stadtwald ab 1925 in einen Dauerwald um. In Lübeck war es Forstmeister Hans-Joachim Augustin (1902–1972), der die „naturgemäße Wirtschaftsweise" im Stadtwald praktizierte.

Die Mehrzahl der Förster arbeitete jedoch weiterhin nach dem Altersklassenwaldprinzip. Das änderte sich im „Dritten Reich", das – aus heutiger Sicht bedauerlicherweise – den Dauerwaldgedanken übernahm. Nicht weil das neue Regime besonders naturverbunden war, sondern weil es die Ideen des Dauer- und des Plenterwaldes als notwendig für eine autarke Kriegswirtschaft erachtete. Der Göttinger Stadtforstmeister Früchtenicht erhielt einen Lehrauftrag an der Forsthochschule Hannoversch Münden und wurde Gruppenleiter der Arbeitsgemeinschaft „Naturgemäße Waldwirtschaft" des Deutschen Forstvereins.

Das ist deswegen zu bedauern, weil nach dem Ende der Naziherrschaft alle in dieser Zeit gewonnenen Erkenntnisse über Bord geworfen wurden. Verständlicherweise sollte nichts mehr an das Unrechtsregime erinnern. Das betraf auch die Idee einer der naturgemäßen Waldwirtschaft.

1945 bis 1980

Nach Kriegsende wurden die deutschen Wälder für Reparationsleistungen herangezogen und großflächig gerodet. Die deutsche Nachkriegsgesellschaft wollte nicht nur die zerstörten Städte, sondern auch

---

11 Alfred Möller: *Der Dauerwaldgedanke – sein Sinn und seine Bedeutung*, 1922

die geschundenen Wälder so schnell wie möglich wieder aufbauen, aus wirtschaftlichen, aber auch aus psycho-hygienischen Gründen. Man hob die „Schutzgemeinschaft Deutscher Wald“ aus der Taufe, in der sich vom Spitzenpolitiker bis zum einfachen Bürger viele für dieses Mammutprojekt engagierten. Die damalige 50-Pfennig-Münze mit der Frau, die eine Eiche pflanzt, zeugt von der gesellschaftlichen Bedeutung der Wiederaufforstung. Es waren vor allem die Frauen, die neben der Trümmerbeseitigung die Arbeit der Walderneuerung übernahmen. Sie wurden „Kulturfrauen“ genannt – ein Ehrentitel vergleichbar mit dem Begriff „Trümmerfrau“. Eichen und Buchen wurden allerdings nur selten gepflanzt. In erster Linie waren es schnellwachsende Fichten und Kiefern. Beim Neubeginn der Forstwirtschaft nach dem Krieg wurde wieder auf den überkommenen Altersklassenwald zurückgegriffen, mit Bäumen in Reih und Glied. In der Folgezeit wurden die Nadelwälder immer weiter ausgebaut, und weil diese reichen und sicheren Ertrag versprachen, wurden die Förster in vielen Bundesländern per Erlass angewiesen, die nur mäßig ertragreichen Buchenwälder kahl zu schlagen und durch Fichte und Douglasie zu ersetzen. Im Jahr 1984 betrug der Nadelholzanteil in der alten Bundesrepublik 66 Prozent.

Parallel hielt die Agrochemie Einzug in die Forst- und Landwirtschaft. Sie erleichterte die Arbeit und machte sie billiger. An die Stelle der mühsamen Arbeit mit der Hacke trat die Spritze mit den „Mitteln“, wie es damals beschönigend hieß: Mittel gegen die Vergrasung, die in Naturverjüngungen die jungen Bäume bedrohte, gegen unerwünschte Laubbäume in Nadelholzkulturen, um die Gassen von Unkraut „sauber“ zu halten, gegen Rüsselkäferfraß oder als „chemische Säge“ in Jungbeständen. Als Praktikant in einem Forstamt an der Mosel erlebte ich, wie Eichenwälder oberhalb von Weinbergen mit dem Spritzhubschrauber abgetötet wurden, um sie durch vermeintlich ertragreichere Douglasien zu ersetzen. In einer Viertelstunde waren fünf Hektar künftiger Douglasienkulturen von den als störend empfundenen Laubbäumen befreit. Der Hubschrauber versprühte ein Entlaubungsherbizid, das unter dem Namen „Agent Orange" im Vietnamkrieg traurige Berühmtheit erlangte; in Deutschland hieß das Gift „Tormona". Mit Tormona konnte man sogar selektiv arbeiten: In Altöl gelöst und von Waldarbeitern mit einem Pinsel manschettenförmig auf die Rinde der Bäume gestrichen, ließ es diese sicher absterben. Das war als Durchforstungsmaßnahme viel billiger, als die unerwünschten Bäume von Waldarbeitern fällen zu lassen. Die Sorglosigkeit, mit der Tormona und weitere Gifte wie DDT eingesetzt wurden, ist heute nicht mehr nachvollziehbar. Beide Stoffe sind persistent, das heißt, sie werden in der Natur nicht oder nur sehr langsam abgebaut. Heute arbeitet die Forstwirtschaft zum Glück viel vorsichtiger. Pestizide werden aber nach wie vor eingesetzt – gegen Borkenkäfer, gegen Prozessionsspinner, gegen Maikäfer und gegen Mäuse.

In der Wirtschaftswunderzeit nach Kriegsende sanken die Einkommen in der Land- und Forstwirtschaft, während überall sonst die Löhne stiegen. Beide Primärproduktionszweige reagierten auf den wirtschaftlichen Niedergang mit den gleichen Maßnahmen: Personalabbau und Rationalisierung., also durch den verstärkten Einsatz von Maschinen und Technik. Galt die Forstwirtschaft bis in die 1970er-Jahre im strukturschwachen ländlichen Raum noch als Arbeitsplatzbeschaffer, kommt heute auf 1000 Hektar Wald oft lediglich ein einziger angestellter Waldarbeiter, so etwa im niedersächsischen Landeswald. Die Holzernte erfolgt nahezu vollautomatisch mit Erntemaschinen, sogenannten Harvestern.

1980 – Waldsterben als Wende

Um 1980 untersuchte eine interdisziplinäre Forschungsgruppe der Universität Göttingen im Solling, dem Mittelgebirge westlich der Weser, einen Fichten- und einen Buchenwald. Ihr Vorhaben: das Ökosystem

Wald im Detail zu erfassen und die Wege der Nährstofftransporte umfassend zu dokumentieren. Die beiden Wälder sahen bald aus wie Intensivstationen: An den Bäumen waren Schläuche und Messgeräte montiert, ein großer Mast ragte über die Baumkronen und maß Niederschläge und Sonneneinstrahlung. Geräte, die wie überdimensionale Fieberthermometer im Boden steckten, verzeichneten die Wasserspannung. Regelmäßig wurden Proben des Waldbodens entnommen und im Labor analysiert. Prof. Bernhardt Ulrich (1926–2015), Leiter des Instituts für Bodenkunde an der Forstlichen Fakultät in Göttingen, Spezialgebiet Bodenchemie, fiel auf, dass die Böden im Untersuchungszeitraum immer saurer wurden. Er wusste um die Auswirkungen des Straßenverkehrs auf die Luft. Smog in Großstädten oder Säurefraß an den Skulpturen alter Kirchen galten bisher jedoch als lokale Probleme. Aber hier im Solling, fernab jeder Großstadt, im ländlichen Raum? Benzin und Kohle hatten einen hohen Schwefelgehalt, bei der Verbrennung entstand Schwefeldioxid. Durch die Luftfeuchtigkeit kam es mit Wasser in Kontakt und es entstand Schwefelsäure, die durch Wind und Regen auf die Böden der Landschaft weitab von Städten und Ballungsgebieten gelangte. Ulrich wendete sich an die Presse und schlug Alarm. *Stern* und *Spiegel* griffen das Thema auf. „Saurer Regen“ und „Waldsterben“ wurden zu Schlagworten der Zeit und setzten eine Umweltdiskussion in Gang, die die ganze Gesellschaft erfasste. Die „Stiftung Wald in Not“ wurde gegründet, Umweltverbände und Politik nahmen sich des Themas an und *le waldsterben* hielt als Lehnwort in anderen Sprachen Einzug. Waldsterben und Anti-Atomkraft-Bewegung führten schließlich zur Gründung einer neuen Partei: die Grünen. Mitte der 1980er-Jahre schafften die Grünen den Einzug in den Bundestag. Mit dem Nationalpark Bayerischer Wald entstand das erste großflächige Schutzgebiet in Deutschland. Staatliche Naturschutzverwaltungen wurden eingerichtet, um die Ziele des Naturschutzes auch im Wald durchzusetzen.

Das Waldsterben verändert die Forstwirtschaft grundlegend. Die „Arbeitsgemeinschaft Naturnahe Waldwirtschaft“, eine Vereinigung von

Privatwaldbesitzern und Förstern, erhielt enormen Zulauf. In der Politik wurde der Ruf nach mehr Naturnähe in den Wäldern laut und daraufhin beschlossen Landesforstverwaltungen, vermehrt naturnahen Waldbau zu betreiben. Mischwald wurde zum Zauberwort. Kahlschläge wurden nach Protestkampagnen der Umweltorganisation Greenpeace per Gesetz verboten. Wissenschaftliche Erkenntnisse der Waldboden- und Klimaforschung und die Erfassung der natürlichen Waldgesellschaften fanden Eingang in die Praxis. Flächendeckend wurden forstliche Standortkarten erstellt, in die Klimadaten und Informationen über Bodentypen als Grundlage für die Baumartenwahl einflossen. Waldbiotopkartierungen fassten die jeweiligen Waldgesellschaftstypen mit weiteren naturschutzrelevanten Daten zusammen. Waldschäden werden heute jährlich kartiert und im Bundestag diskutiert. Die Bundesländer passen ihre „Waldbaurichtlinien" der neuen Zielsetzung an. In Niedersachsen beispielsweise wird per Landesverordnung eine „langfristige ökologische Waldentwicklung" (LÖWE) gefördert.

1990–2000: Wiedervereinigung, Privatisierung und die Folgen für den Wald

Die Wiedervereinigung kostete sehr viel Geld. Das blieb nicht ohne Folgen für den Wald. Große Teile des ehemaligen DDR-Waldes wurden privatisiert, in den Forstverwaltungen wurde Personal abgebaut, gleichzeitig waren die Förster gefordert, mehr Holz zu verkaufen, um höhere Einnahmen zu erzielen.

Um die Jahrtausendwende wurden überdies Landesforstverwaltungen teilprivatisiert, mit dem Ziel, Forstbetriebe noch rentabler oder wieder rentabel zu machen. In den Verträgen, die die Bundesländer mit ihren neuen Organisationen wie „Hessen-Forst" oder dem „Landesbetrieb-Niedersächsische-Forsten" abschlossen, wurden unter anderem feste jährliche Erlösgrößen für den Holzertrag vereinbart. Hatte ein Forstamt 1980 noch eine Waldfläche von 8.000 Hektar zu betreuen, so sind es heute 30.000 Hektar und mehr. Ohne Maschineneinsatz, zum Beispiel bei der Holzernte ging nichts mehr.

Der Erlösdruck führt dazu, dass Naturschutz nicht mehr als eines der primären Ziele des Waldes, sondern als wirtschaftliches Hemmnis empfunden wird. Spätestens nach den Dürrejahren der letzten Zeit stellt sich für die Forstwirtschaft die Frage, wie sie ihre Holzertragsziele in Zukunft noch erreichen kann. Als Lösung des Problems werden trockenresistentere und wärmeliebende Baumarten propagiert, aber ihr Anbau ist nicht nur riskant, denn niemand weiß, wie er sich auf die heimischen Waldlebensgemeinschaften auswirkt.

Ähnlich wie die Landwirtschaft ist die Forstwirtschaft bestrebt, möglichst hohe Erträge auf ihrer Anbaufläche zu erzielen. Die seit dem 19. Jahrhundert gepflanzten Wirtschaftswälder sind im Sinne einer kontinuierlichen Holzproduktion eine Erfolgsgeschichte. Trotz aller Rückschläge produzieren die deutschen Förster mit 11 Millionen Kubikmetern mehr Holz als ganz Skandinavien. In diesem Sinne wäre Carl von Carlowitz stolz auf die deutschen Forstleute von heute.

In den Waldgesetzen von Bund und Ländern ist allerdings ein anderes Ziel verankert. Demnach soll der Wald in Deutschland drei Funktionen erfüllen, nämlich Holz liefern, Erholungsraum für den Menschen sein und dem Naturschutz dienen.

Die Hälfte des Waldes in Deutschland ist im Besitz der Länder, des Bundes, der Kommunen und der Kirchen, also öffentliches Eigentum. Für diesen Wald gilt gemäß Gesetz: Die drei genannten Funktionen müssen gleichrangig erfüllt werden.

Die Realität indes sieht anders aus. Die Holzernte hinterlässt zerfahrene Maschinenwege und abgeerntete Kahlflächen ohne ästhetischen Reiz. Ökologie, Naturschutz und Erholungswert bleiben auf der Strecke, wenn Rückegassen den Wald zergliedern, wenn unser Wald immer uniformer wird, wenn die heimischen Flora und Fauna immer weniger Lebensraum findet, zum Beispiel durch Pflanzung nicht-heimischer Baumarten.

Dieser kurze (und notwendigerweise stark vereinfachende) Abriss zeigt: Ziel der Forstwirtschaft in Deutschland ist ein dauerhaft hoher Holzertrag. Die Holzproduktion steht seit jeher im Vordergrund. Wälder werden als Holzplantagen angelegt, mit Baumarten, die auf dem jeweiligen Standort den höchsten Holzertrag bringen (Hochlagenbaumarten wie die Fichte im Tiefland, Kiefernpflanzungen an Standorten, wo ursprünglich Eichen heimisch waren, Wälder mit Baumarten aus anderen Kontinenten zur Erweiterung des Holzsortiments usw.).

Diese Art der Forstwirtschaft ist mit den Zielen des Natur- und Artenschutzes nicht oder nur schlecht vereinbar. Konflikte zwischen Forstwirtschaft und Naturschutz sind unausweichlich. Die Technisierung ist nicht ohne Weiteres vereinbar mit den Erholungsfunktionen des Waldes. Diese Forstwirtschaft hat keine Antworten auf die kommenden Herausforderungen des Klimawandels: Die Steigerung der Holznutzung (mit dem nur sehr begrenzt zutreffenden Argument der Speicherung von CO_2 im verbauten Holz) steht im Konflikt mit der Stabilität der Wälder. Der vermehrte Anbau fremdländischer Baumarten verträgt sich nicht mit dem Artenschutz.

Die bisherige „Landwirtschaft mit Bäumen" wird den heutigen Anforderungen an den Wald nicht mehr gerecht.

Der neue Weg: Zulassen statt gestalten – eine Betriebsanleitung für den ungezähmten Wald

Der Beruf des Försters wird oft romantisiert: Er streift durch seinen Wald, füttert Wildtiere und kümmert sich um verwaiste Rehkitze. In der Fernsehserie „Forsthaus Falkenau“, bei deren Konzeption die Bayerische Staatsforstverwaltung beratend zur Seite stand, fährt Fernsehförster Martin mit seinem schicken Geländewagen (den sich kein normaler Förster leisten kann) durchs Revier und hält hier und da ein Schwätzchen mit den Waldarbeitern, die auf einer sonnenbeschienenen Lichtung Holz hacken.

Die Realität sieht dann doch etwas anders aus. Förster verbringen einen Großteil ihrer Zeit am Schreibtisch. Sie sind nicht zuletzt Betriebswirte und müssen sich mit viel Bürokratie herumschlagen. Am Ende zählt, dass ihr Wald Geld abwirft, dass der Holzertrag und die Rendite stimmen.

Angesichts der Probleme, mit denen unsere Wälder derzeit zu kämpfen haben, sind die Förster außerdem auf andere Weise gefordert. Sie müssen sich fragen: Was kann man anders, was besser machen? Eifrig diskutiert wird unter Kollegen etwa darüber, welche Baumarten für ein zunehmend trockenes und heißes Klima geeignet sind oder ob man von Borkenkäfern zerstörte Fichtenwälder räumen soll. Vor allem bei den Themen „Durchforstung" und „Wertbäume" gehen die Wogen hoch: „Drei Förster, drei waldbauliche Meinungen", lautet ein geflügeltes Wort.

Konventionelle Waldkonzepte muten an wie ein Kochrezept: Das sind die Zutaten – so rührt man sie zusammen – das ist das Ergebnis. Im vom Menschen geschaffenen „Forst" ist alles mehr oder weniger geplant und geregelt, angefangen bei der Wahl der Baumart über den Zeitpunkt und den Umfang der Holzernte bis hin zu Naturschutzmaßnahmen. So wird zum Beispiel die Anzahl abgestorbener Bäume genau festgelegt, gemäß dem Rezept „ökologischer Waldbau".

Auf die Frage: „Was machst du in deinem Wald?", würde der Förster im ungezähmten Wald antworten: „Eigentlich nichts." Für jemanden, der es gewohnt ist, seinen Wald zu gestalten, mag das ein schwer erträglicher Gedanke sein. Statt eines gelungenen Menüs würde doch nur Chaos dabei herauskommen, oder?

Zulassen statt regeln – Wald und nicht Forst

Aber die Strategie im ungezähmten Wald besteht eben darin, schwerwiegende Eingriffe zu vermeiden, der Natur Raum zu geben, damit die natürlichen Prozesse möglichst ungestört stattfinden können, zu beobachten, auf welche Weise und in welche Richtung sich der Wald entwickelt, um daraus zu lernen und langfristig Schlüsse zu ziehen.

Beim ungezähmten Wald tritt an die Stelle der Idee, einen Wald *aufzubauen*, der Grundsatz des *Zulassens*. Ziel ist es, die komplexen Prozesse im Ökosystem Wald zu verstehen, „Wald" als Lebensform zu begreifen, die sich ohne menschliches Zutun einstellt, von allein entwickelt und sich langfristig selbst stabilisiert.

Deutschland ist von Natur aus ein Waldland: 90 Prozent der hiesigen Landfläche wären bewaldet, wenn wir dies zuließen. In ungestörten Wäldern findet eine kontinuierliche Anpassung statt. Klimawandel, Stürme, Trockenheit und Brände, das Absterben und Zusammenbrechen alter Bäume: Auf alle äußeren und inneren Einflüsse reagiert die Lebensgemeinschaft Wald – mit Wald. Die Natur repariert, stellt wieder her und strebt einen stabilen Zustand an. Die Prozesse laufen nicht nach Plan ab, sie sind kleinteilig, von vielen Faktoren abhängig und nicht zuletzt dem Zufall unterworfen. Ein Naturwald ist daher nicht gleichförmig, sondern zeichnet sich durch vielfältige Waldbilder aus. Aus der Vogelperspektive sieht er aus wie ein bunter Flickenteppich. Es gibt Flächen mit geschlossenem Altholzbestand, dazwischen Bereiche, in denen junger oder mittelalter Wald gedeiht. Die Mischung der Baumartenunterscheidet sich von Ort zu Ort. Es entsteht ein „zufälliges, multivariables Sukzessionsmosaik".

Referenzflächen

Wie aber würde sich ein bisher bewirtschafteter Forst entwickeln, wenn man ihn in diese Freiheit entließe? Um dies zu beurteilen, muss man ihn schlicht dauerhaft sich selbst überlassen und auf jegliche Eingriffe verzichten. Solche Areale werden Referenzflächen genannt. Die auf ihnen gewonnenen Erkenntnisse werden im ungezähmten Wald auf den Flächen, in denen weiter Holz genutzt werden soll, übertragen und für diese nutzbar gemacht.

Wie groß müssen die Referenzflächen sein, damit sich relevante Aussagen erzielen lassen? Als Faustregel hat sich eine Mindestgröße von 20 Hektar bewährt, und diese Flächen sollten etwa 10 Prozent des Forstbetriebs insgesamt ausmachen.

Der Weg vom Forst zum Wald beginnt hierzulande in Landschaften, die vom Menschen geprägt sind – es gibt keine ungestörten Wälder mehr. Solange Holz genutzt, Wege angelegt oder andere Eingriffe vorgenommen werden, sind die natürlichen Anpassungsprozesse gestört. Das gilt auch im ungezähmten Wald, wo Holz ebenfalls genutzt werden darf und soll. Damit sich die Natur auch weiterhin selbst anpassen und optimieren kann, obwohl bisweilen Holz geerntet wird, haben wir ein paar Grundregeln aufgestellt. Im ungezähmten Wald sind verboten:

- Kahlschläge
- das Anlegen von Monokulturen
- das Anpflanzen standortsfremder Baumarten
- der Einsatz von Pestiziden, Insektiziden, Herbiziden und anderen Giften
- das Ausbringen von Düngemitteln, Gülle, Klärschlamm
- die Bearbeitung und das Befahren des Waldbodens mit schwerem Gerät
- das Verbrennen und Abräumen von Biomasse

- die Gewässerregulierung
- störende Arbeiten in ökologisch sensiblen Jahreszeiten (etwa während der Vogelbrut oder der Aufzucht von Jungtieren)
- die Fütterung von Wildtieren

Goldene Regeln bei allen forstlichen Arbeiten

Für alle Planungen und Entscheidungen auf den bewirtschafteten Flächen dienen die Referenzflächen – das sind Flächen, die dauerhaft ohne menschliche Eingriffe bleiben – als Blaupause. Hier werden die Entwicklungen des ungezähmten Wald*es* beobachtet, gemessen und ausgewertet

- Der lebende Holzvorrat der bewirtschafteten Waldflächen sollte etwa 80 Prozent des Holzvorrats der Referenzfläche betragen.
- Die Verjüngung der Wälder geschieht ausschließlich durch Samenausbreitung der Altbäume (Naturverjüngung).
- Die Naturnähe der Waldbestände ist das wichtigste Kriterium bei allen Pflegemaßnahmen. Baumarten der natürlichen Waldgesellschaft haben Vorrang
- Alle Arbeiten im Wald erfolgen möglichst schonend und mit geringstmöglicher Intensität.
- Der Wald soll in die Lage versetzt werden, Bodenschäden ohne menschliche Hilfe zu korrigieren.
- Die Holznutzung erfolgt individuell und einzelstammweise: Der Einzelbaum und nicht der Waldbestand ist die forstliche Einheit. Für alle Baumarten werden Zieldurchmesser in 1,3 m Höhe festgelegt, die sich an der physiologischen Altersgrenze der jeweiligen Baumart orientieren.
- Altbäume, Biotopbäume und Totholz gehören zum Waldbild dazu; wenigstens 80 Prozent der Menge, die unter vergleichbaren

Bedingungen in den Referenzflächen vorhanden ist, soll auch in den bewirtschafteten Waldteilen erreicht werden, denn sie sind ein wichtiger Indikator für die natürliche Artenvielfalt.

- Die natürliche Artenvielfalt ist zu erhalten; ihre Entwicklung darf nicht gestört werden.
- Natürliche Störungen wie Stürme, Überalterung oder Insektenfraß sind wichtige Faktoren, die den Anpassungsprozess fördern.
- Der Einsatz von Maschinen muss mit den waldökologischen Zielen vereinbar sein. Maschinen, die diese Kriterien nicht erfüllen, zum Beispiel solche, die den Waldboden verdichten und für die ein engmaschiges Rückegassennetz angelegt werden muss, werden im *ungestörten Wald* unter keinen Umständen eingesetzt.

Echte Daten als Basis für die Planung

In allen Forstbetrieben gibt es ein „Betriebswerk“. In diesem Buch sind alle Informationen und Rechtsgrundlagen des jeweiligen Forstbetriebs enthalten. Der wichtigste Teil des Betriebswerks sind die Inventurdaten: Für jedes Waldstück werden in einer Tabelle die bei der letzten Inventur gemessenen oder geschätzten Baumdaten und – daraus abgeleitet – die Nutzungsdaten erfasst. In der bisherigen Praxis wurden diese Daten mit sehr einfachen Methoden gemessen oder geschätzt und zu den Tabellen der Ertragstafel (siehe Kap. 3) in Beziehung gesetzt. Der gesamte Wald eines Betriebes wird dabei in das Modell der Ertragstafeln und damit in das Schema des Altersklassenwaldes gepresst: Alle Altersklassen sollen, wie eingangs erläutert, auf gleich großen Flächen wachsen. Das Leben eines Bestandes endet mit dem Erreichen eines klar definierten Alters, dem Ende der „Umtriebszeit“. Da kein Wirtschaftswald exakt diesem Modell entspricht, wird mit mathematischen Anpassungsformeln eine Angleichung errechnet und daraus eine jährlich zu nutzende Holzerntemenge, der „Hiebsatz“, abgeleitet.

Im ungezähmten Wald gibt es keine „Umtriebszeit" für ganze Klassen, diese Methode ist hier völlig unbrauchbar. Ohne forstliche Eingriffe entwickelt sich ein ungleichaltriger Mischwald, und der Förster begleitet diesen Prozess bloß – zum Beispiel, indem er in regelmäßigen Waldinventuren umfangreiche Messdaten mit echten Zahlen erhebt, auf deren Grundlage er die Erntemenge individuell bestimmt. Er orientiert sich am einzelnen Baum und seiner „Zielstärke".[12] Die Nutzungsmenge (der Hiebsatz) ergibt sich aus der Summe der Bäume, die die Zielstärke erreicht haben und somit genutzt werden können (Zielstärkenutzung), und der notwendigen Pflege von wenigen Einzelbäumen und nicht, wie beim Altersklassenwald, aus der Anpassung an ein theoretisches Modell.

Die einzige Konstante im Wald ist der permanente Wandel

Das Wachstum des ungezähmten Waldes ist zufallsbedingt. Einen klar definierten Endzustand gibt es nicht, denn das Ökosystem passt sich immer wieder neu und in immer neuen Varianten an die jeweiligen Gegebenheiten an. Aufgabe des Försters ist es, das zufallsbedingte, multivariable Sukzessionsmosaik zuzulassen und die Selbstregulierungskräfte des Waldes zu unterstützen.

Für das Funktionieren des Ökosystems Wald braucht es einen Mindestholzvorrat, der nicht unterschritten werden darf. Wenn bei der Ernte der Holzvorrat des Waldes unter 250 Kubikmeter pro Hektar zu fallen droht, stellen die Förster von Lübeck und Göttingen die Holzernte ein. Nicht ein Regelwerk gibt vor, wieviel Holz auf einem Hektar stehen soll, vielmehr dient die sich auf natürliche Weise entwickelnde, unbewirtschaftete Referenzfläche als Maßstab.

12 Die Zielstärke ist der Umfang eines Baumstamms, gemessen in 1,3 m Höhe, die mindestens erreichen werden muss, bevor geerntet werden darf. Bei der Buche beträgt die Zielstärke beispielsweise 70 cm.

Die Holzvorräte im bewirtschafteten Wald sollen nicht mehr als 20 Prozent von denen der Referenzflächen abweichen. Das Gleiche gilt für die Masse an Totholz und die Anzahl an Biotopbäumen. Damit mehr Kronenholz im Wald bleibt und der Totholzanteil steigt, wird nur noch Holz mit einem Durchmesser von wenigstens 20 Zentimetern genutzt.

„Pflegeeingriffe“ sind im ungezähmten Wald im Lauf der Jahre immer weniger nötig, denn wertvolles Holz wächst infolge der Selbstregulation von selbst. Auch durch Sommertrockenheit und nachfolgenden Borkenkäferbefall entstandene Waldschäden werden nicht aufgearbeitet, sondern der natürlichen Entwicklung überlassen.

Und schließlich wird bei der Holzvermarktung darauf geachtet, dass das Holz als CO_2-Speicher in langlebigen Strukturen gebunden wird. Brennholz gehört nicht dazu, sondern ist höchstens ein Nebenprodukt aus nicht weiter verwertbarem Material.

In einem Bereich des ungezähmten Wald*es* jedoch ist der Förster stärker gefordert, und das ist die Jagd. Diese plant er selbst, mit dem wichtigsten Ziel, Wildschäden zu vermeiden, und erprobt dabei neue, artenschutzverträgliche Jagdmethoden.[13] Ein Verzicht auf bleihaltige Munition sollte selbstverständlich sein.

Im ungezähmten Wald gilt das Motto: „Wir ernten Holz, ohne dass der Wald es spürt.“

13 B. Hespeler: *Rehwild heute*, 1989

Grundlagen für den neuen Denkansatz

Alles öko oder was? Etwas zu den Naturhaushalten

Wenn wir etwas „ökologisch“ nennen und Lebensmittel als „Bio“ bezeichnen, verweisen wir damit auf einen besonders schonenden Umgang mit Natur und Nutztieren und verbinden damit eine gesündere (umweltverträglichere) Lebensweise. Doch was ist eigentlich „ökologisch“? Und was ist ökologisch in Bezug auf den Wald?

Das Wort Ökologie leitet sich von dem griechischen *oikos* ab, das übersetzt schlicht „Haus“ bedeutet. Die Ökologie erforscht und beschreibt mithin den Haushalt der Natur. Sie beschäftigt sich mit den

Rahmenbedingungen des Lebens, mit den Bewohnern von Lebensräumen und ihren Beziehungen untereinander.

In diesem Bild sind Klima und Geologie Wände, Fenster, Dach, Heizung und Wasserversorgung des Hauses. Zum Naturhaushalt wird das Gebäude, wenn Leben einzieht. Welche Arten einziehen, darüber entscheidet die Ausstattung des Hauses. Bescheidene Häuser mit schlechter Heizung und wenig Nahrung sind etwas für Spezialisten. Das Hochgebirge knapp unterhalb der Schneegrenze und der Asphalt des Bürgersteigs sind solche Sparhäuser. Hier fühlen sich allenfalls asketisch lebende Flechten wohl. Wüsten, in denen Wasser knapp ist und es tagsüber sehr heiß wird, werden von anderen Spezialisten wie Sandhaien, Spinnen, Geckos, Kakteen und Dickblattgewächsen besiedelt. Je besser die Häuser ausgestattet sind, desto größer ist die Gemeinschaft, die darin lebt. Wenn Wärme, Wasser, Licht und Nahrung stimmen, wollen viele Bewohner einziehen. Die komfortabelsten Häuser an Land sind die Wälder.

Etwa 60 Prozent der Landfläche unseres Planeten wären ohne menschlichen Einfluss bewaldet. Tropische Regenwälder sind die Hochburgen des Lebens: Auf einer Fläche von 100 mal 100 Metern (= 1 Hektar) finden sich mitunter 1.000 Baumarten.

Das Bild vom Haus stimmt nicht ganz. Häuser sind „Immobilien", Gegenstände, die sich nicht bewegen und verändern. Aber weder das Klima noch die Geologie sind unveränderlich. Im Gegenteil, beides ist ständigem Wandel unterworfen. Die Lebewesen reagieren darauf und versuchen, sich und ihre Lebensgemeinschaften den veränderten Bedingungen anzupassen. Kälteliebende Pflanzen und Tiere der nördlichen Hemisphäre wandern derzeit weiter nach Norden oder in höhere Lagen ab – eine Reaktion auf die Klimaerwärmung.

Wir Menschen beeinflussen die Rahmenbedingungen rund um den Globus massiv. Durch unsere Hand sind neue Lebensräume entstanden, die ihrerseits funktionierende Ökosysteme darstellen: Gründächer, Golfrasen, Weizenfelder, Wegränder, Holzzäune, Steinhaufen oder asphaltierte Gehwege. Das Leben auf der Erde hat eine ungeheure Kraft. Es gibt kaum einen Ort, der nicht von irgendeiner Lebensform besiedelt ist. Leben passt sich den unwirtlichsten Bedingungen an.

Dabei merkt man, dass auch Deutschland ein Waldland wäre. Auch hier versucht die Natur langfristig die vom Menschen verursachten Veränderungen zu beseitigen und wieder einen Wald aufzubauen: Auf Gründächern und Golfrasen siedeln sich Birken an, im Weizenfeld verstecken Eichelhäher Samen aus dem angrenzenden Wald, Bakterien fressen den Asphalt. Wir empfinden diese natürlichen Prozesse als störend und arbeiten dagegen an: Unkraut jäten, Birken roden, Rasen mähen, Pestizide spritzen, Asphaltdecken ausbessern. Und das macht Arbeit!

Auch in unseren Wirtschaftswäldern „möchte" die Natur wieder den ursprünglichen Zustand herstellen. Wenn Förster Bäume aus dem Hochgebirge ins Flachland[14] bringen, wenn sie standortsfremde Mischwälder aus Laub- und Nadelhölzern aufbauen, wenn sie den Wald beim Durchforsten auflichten, um Baumexemplaren mit geraden Stämmen bessere Wachstumsbedingungen zu verschaffen, arbeiten sie gegen die natürliche Dynamik. Ein großer Teil dieser forstlichen Tätigkeit ist deswegen eine Sisyphusarbeit. Und sie ging in den letzten 200 Jahren mehrfach schief, wie die genannten Beispiele zeigen: die Weymouthskiefer aus Nordamerika, die Wunderbaumart des 19. Jahrhunderts, der Kahlfraß der Nonne an der Kiefer, Stürme und Borkenkäfer, die der Fichte zusetzen. Zur klassischen Forstwirtschaft gehören immer auch Katastrophen. Der Natur bieten sie Chancen für einen Neuanfang, bei dem sie das natürliche Ökosystem wieder zu einem Wald umbaut, der an Klima und geologische Gegebenheiten angepasst ist.

14 Die Fichte, die häufigste Baumart unserer Wälder, kommt ursprünglich in den Alpen und den Hochlagen von Schwarzwald und Harz vor.

„Ökologisch“ bedeutet also, mit der Natur und ihrer Dynamik zu arbeiten. Bezogen auf den Wald und seine Nutzung heißt das: Ein ökologischer Wirtschaftswald lässt Eigendynamik und Anpassungen an neue Rahmenbedingungen zu und macht sie zu seinem Konzept.

Gemeinsam stark – das Netzwerk des Waldes

Während einer Exkursion im Wald zeige ich den Schülern einen Eremiten, einen mattblau schimmernden Käfer von der Größe eines Maikäfers. Langsam, fast träge krabbelt er durch eine vermodernde Baumhöhle. Eine Urwaldreliktart, sehr selten und vom Aussterben bedroht. Ich bin begeistert, das Insekt hier vorzufinden! Mulmkäfer, zu denen der Eremit zählt, leben in den Faulstellen alter Bäume und sind fast nie zu sehen. Als ich das erwähne, wundern sich die

Schüler: „Warum dann so viel Aufhebens um einen Käfer? Wenn man ihn nicht sehen kann, kann es doch egal sein?“ Eine typische Reaktion.

Auf welche Arten könnten wir verzichten? Eine müßige Frage. „Biodiversität ist unsere wertvollste und am wenigsten geschätzte Ressource“, betont Edward O. Wilson, der Begründer der Biodiversitätswissenschaft[15]. Seit 1992 wird auf den Weltklimakonferenzen die Bedeutung der Biodiversität ausdrücklich festgestellt. Klima und Biodiversität sind eng miteinander verknüpft. Warum ist das so, und was bedeutet Biodiversitätsschutz für unsere Wälder?

Biodiversität heißt biologische Vielfalt. Dabei denkt man zunächst an die 1,9 Millionen bekannten und geschätzt 10 Millionen Tier-, Pflanzen- und Pilzarten. Aber auch eine weit größere Vielfalt an Mikroorganismen gehört dazu. Zahlenmäßig kaum zu erfassen sind die genetischen Varianten aller Arten. Sie sind wichtig für die Fähigkeit der Organismen, sich an neue Bedingungen anzupassen. Ohne Varianz gäbe es keine Evolution. Neben der Ökologie beschäftigt sich die Biodiversitätsforschung mit den Lebensräumen, in denen sich Leben abspielt. Diese Vielfalt beeinflusst grundlegende Prozesse auf unserer Erde. Dass Leben erst Leben möglich macht, klingt nach einem logischen Kurzschluss à la Baron Münchhausen, der sich am eigenen Zopf aus dem Sumpf zieht. Ein bisschen ist es aber tatsächlich so: Bodenleben erzeugt Bodenfruchtbarkeit, Verdunstung über der Vegetation führt zur Wolkenbildung, Vegetation mildert Temperaturextreme, Leben reguliert den CO_2- und O_2-Gehalt der Atmosphäre. Diese Zusammenhänge aber bilden die Lebensgrundlage aller Organismen und ermöglichen überhaupt erst die Existenz von Leben auf der Erde.

---

15 Edward O. Wilson / Frances M. Peter: *Biodiversity*, Washington 1988

Die Artenvielfalt in einem Wald hängt von den Rahmenbedingungen des Ökosystems ab: Auf einem kargen Sandboden herrschen andere Lebensbedingungen als auf einem feuchten, tiefgründigen Lehmboden. Die Summe der spezifischen Lebensbedingungen fasst man unter dem Begriff Biotop zusammen. Der Reichtum an Arten, die in einem Biotop zusammenleben, und die Dichte ihrer Individuen hängen von den Ansprüchen an Wasser, Wärme und Nährstoffen ab. Je reichhaltiger der Tisch gedeckt ist, desto mehr Arten sitzen am Tisch: Im nährstoffreichen Kalkbuchenwald wachsen 50 Waldbodenpflanzen, im bodensauren Buchenwald sind es nur 25. Die Artenzahl sagt aber nur bedingt etwas über die Dimension der Biodiversität aus. Im bodensauren Buchenwald gibt es zwar weniger Arten, aber von jeder Art sehr viele Individuen. Viele Individuen bedeuten wiederum eine hohe genetische Vielfalt, und die ist ein weiteres Maß für eine hohe Biodiversität. Mit allen Arten ist es wie mit uns Menschen: Jede ist einzigartig und unterscheidet sich mehr oder weniger deutlich von den anderen. Die Ausprägung der Biodiversität im Wald hängt also noch von anderen Faktoren ab.

Einen davon kennt jeder, der in seinem Garten einen Teich als Feuchtbiotop anlegt: die Zeit. Es dauert eine Weile, bis sich zu den Pflanzen am Teich von selbst weiteres Leben gesellt. Zuerst tauchen Libellen und Wasserkäfer auf. Irgendwann kann man einen Wasserläufer entdecken und noch später sind vielleicht Molche oder sogar ein Frosch im Teich. Ähnlich läuft es bei der Entwicklung im Wald ab: Wird eine Wiese nicht mehr bewirtschaftet, siedeln sich unweigerlich Sträucher an. Einige Jahre später kann man zwischen den Sträuchern Wildkirschen, Birken oder Eichen entdecken. Ein Jahrzehnt später ist ein junger Wald entstanden. Diese Abfolge hat System und wird nach dem lateinischen Wort für Abfolge „Sukzession" genannt. Irgendwann am Ende dieser Entwicklung hat sich der Waldtyp eingestellt, der mit den gegebenen Bedingungen am besten zurechtkommt und sie optimal zu nutzen versteht. Da Waldbäume bekanntlich sehr alt werden, reift das System bis ins hohe Alter. Und die ganze Zeit über optimieren die Partner im Boden ihre Zusammenarbeit, Pilze übernehmen die Kommunikation zwischen den Bäumen sowie mit anderen Pilzen und Algen. An und in den alten Bäumen entwickeln sich wiederum eigene Lebensräume: Flechten und Insekten besiedeln die Rinde, Spechte legen Bruthöhlen an, Fledermäuse ziehen in alte Nisthöhlen und tote Astlöcher ein.

Die Nahrungsketten werden mit der Zeit immer komplexer: Raupen fressen die Blätter der Bäume, Schlupfwespen, Hornissen und andere Jäger die Blattraupen. Meisen, Rotkehlchen und andere Vögel erbeuten die Insekten als Futter für ihre Brut, Sperber und Wildkatzen ernähren sich von den Vögeln.

Je älter und reifer das Ökosystem Wald wird, desto intensiver und komplexer greifen alle Teile ineinander. Die Biodiversität wird vielfältiger, Artenreichtum und genetische Varianz nehmen zu. Es entsteht ein Netzwerk, das sich gegenseitig bedingt und stützt: das Netzwerk des Lebens.

In einem ungestörten, ungezähmten Wald ist das Netzwerk so gut ausgebildet, dass die verschiedenen Arten der dortigen Lebensgemeinschaft, auch Biozönose genannt, in der Lage sind, die Bedingungen in ihrem Ökosystem über die physikalischen Gegebenheiten hinaus zu optimieren: Die alten Bäume schützen mit ihrem Kronendach das Waldinnere vor Temperaturextremen (im Hochsommer wird die Hitze gedämpft, im Winter die Kälte gemildert). Moose, Waldboden, Totholz und Waldbodenpflanzen sorgen für eine höhere Luftfeuchtigkeit im Waldinneren. Alte Bäume entwässern und belüften den Boden mit ihrem ausgedehnten Wurzelsystem. Pilze bauen die gemeinsame Symbiose, also ihr Zusammenleben mit den Bäumen, zu einem Kommunikationssystem aus. Alle Lebensformen sind miteinander verbunden, oder wie schon Alexander von Humboldt wusste: „Alles hängt mit allem zusammen.“[16]

---

16 vgl. A. Wulf: *Alexander von Humboldt und die Erfindung der Natur*, 2016

In einem sich entwickelnden Waldbiotop sind die Verbindungen optimal, wenn die Bäume ihren Altershöhepunkt erreicht haben. Das sind bei der Eiche 500 Jahre, bei der Buche 200 Jahre. Absterben, Zerfall und Tod alter Bäume sind ebenfalls ein wichtiger Bestandteil des Systems: Totholz ist wichtig für die Humusbildung, vermodernde Stämme sind die Ammen der neuen Baumgenerationen, die gerne auf ihnen keimen, weil sie dort die besten Startbedingungen haben.

Eine hohe Biodiversität sorgt für Stabilität und bewältigt notwendige Anpassungen des Waldökosystems. Ein Beispiel ist das von der Waldlebensgemeinschaft geschaffene Binnenklima, das Wetterextremen standhält, ein anderes die genetische Vielfalt, die dafür sorgt, dass sich besser angepasste Varianten einer Art durchsetzen können, wenn schwächere aussterben müssen. In den beiden Hitzesommern 2018 und 2019 mit ihren langen Trockenperioden sind in den Buchenwäldern viele alte Bäume erkrankt oder abgestorben, aber nie der ganze Wald. Die Buchen, die die Wetterextreme überlebt haben, geben ihre besser angepasste Erbinformation an ihre Samen weiter und so wächst in den Lücken unter den abgestorbenen Buchen eine genetisch optimierte neue Baumgeneration heran. Pro Hektar keimen 500.000 Sämlinge mit der Erbinformation ihrer Eltern und Vorfahren. Nach den ersten zehn Lebensjahren bleiben 10.000 Jungbäume übrig, von denen nur 300 zu hundertjährigen Bäumen heranwachsen. Eine strenge Auslese der Besten!

In unseren Wirtschaftswäldern, den Forsten, geht es jedoch meist ganz anders zu – eben weil es sich überwiegend um Plantagen aus Baumarten handelt, die hier eigentlich nicht heimisch sind. Die Fichte, die am häufigsten angepflanzte Art in unseren Wäldern, stammt aus den Hochlagen der Alpen und der Mittelgebirge, die Douglasie aus den USA. Förster pflanzen diese Bäume an, weil sie kurzfristig Holzmasse und Ertrag bringen. Ähnlich ist es in der Landwirtschaft: Auch hier wird der Boden je nach Ertrag in Zuckerrübenfelder, Getreidefelder und Weideland eingeteilt und entsprechend bewirtschaftet.

Die genetische Vielfalt im Plantagenwald wird vom Förster bestimmt und ist viel geringer als im Naturwald. Bei der Anpflanzung von Nadelbäumen werden auf einem Hektar 3.500 dreijährige Jungbäume gepflanzt, von denen im Alter von 90 Jahren 400 Exemplare erntereif sein sollen. Nicht-heimische Nadelbäume verändern die für den Nährstoff- und Wasserhaushalt sowie die CO_2-Speicherung so wichtige Lebensgemeinschaft im Boden. Durch die Nadelstreu wird der Boden saurer. Das hat Auswirkungen auf die Mikroorganismen. Es dauert viel länger, bis die Nadeln zu Humus umgewandelt werden. Auch die Pilzflora ist eine andere. Die kurze Wachstumszeit bis zur Erntereife der Bäume lässt überdies keine Artenvielfalt im Boden aufkommen. Auch der Wasserhaushalt von Nadelwäldern unterscheidet sich deutlich von dem der ursprünglich hier heimischen Laubwälder. Im dichten Nadelkleid bleibt mehr Niederschlag hängen und verdunstet sofort. Geringere Mengen Wasser erreichen den Waldboden. Da die meisten Nadelbäume ganzjährig grün sind, ist dies auch im Winter so. Die Bodenfeuchtigkeit nimmt ab, der Grundwasserspiegel sinkt.

Je geringer die Artenvielfalt in einem Wald ist, desto instabiler und weniger widerstandsfähig ist er.

Unsere Wirtschaftswälder sind Teil der mitteleuropäischen Kulturlandschaft. Ob Äcker, Weiden, Trockenrasen, Tümpel, Feldgehölze oder Steinbrüche mit Steinwällen – kaum ein Stück Natur ist vom Menschen unbeeinflusst. All diese Landschaftselemente sind Lebensräume für bestimmte Pflanzen und Tiere. Manche dieser neuen Ökosysteme sind uns besonders lieb, etwa die Lüneburger Heide, die eigentlich eine verwüstete Waldlandschaft ist. Wir schützen diese Lebensräume per Gesetz, zum Teil mit großem Aufwand, weil sie unserem ästhetischen Empfinden entsprechen und letzte Rückzugsgebiete für seltene Pflanzen und Tiere sind. Viele der geschützten Arten sind „Kulturfolger“, die in diesen Lebensräumen eine Heimat gefunden haben, die wir andernorts zerstört haben.

Amphibien zum Beispiel waren in den Auenlandschaften der Flüsse zu Hause. Nachdem wir die Flüsse begradigt und die Auenwälder zerstört haben, sind künstliche Teiche, Tümpel und die liebevoll angelegten Feuchtbiotope in unseren Gärten die letzten Rückzugsgebiete für Molche, Salamander und Frösche. Doch während die neuen Landschaftselemente außerhalb des Waldes die Artenvielfalt bereichern, sind in unseren Wäldern durch die Monokultur von Nadelhölzern und die kurze Lebensdauer der Bäume viele ursprüngliche Lebensräume verloren gegangen.

Biodiversitätsschutz ist vor allem für unsere Buchenwälder notwendig. Greenpeace nennt sie den „Amazonas-Regenwald Europas“: Diesen einzigartigen Lebensraum gibt es nirgendwo sonst auf der Welt. Deshalb tragen wir für ihn dieselbe Verantwortung wie Brasilien für seinen tropischen Regenwald. Ein Drittel des natürlichen Verbreitungsgebiets der Buchenwälder liegt in Deutschland. Im Rahmen der internationalen Biodiversitätskonvention hat sich unser Land zum Schutz der biologischen Vielfalt verpflichtet. Nun gilt es, diese Verpflichtung umzusetzen und die biologische Vielfalt in ihrer ganzen Breite wiederherzustellen.

Auf wie viele Arten und wie viel biologische Vielfalt könnten wir verzichten? Diese Frage lässt sich nicht einfach beantworten. Biodiversität ist keine Konstante, es gibt immer Zu- und Abgänge innerhalb der Lebensgemeinschaften. Je größer die Vielfalt ist, desto eher kann ein anderer Partner die Aufgabe eines ausgefallenen übernehmen. Deshalb ist es im Sinne der Stabilität wichtig, mit reifen Lebensgemeinschaften zu arbeiten. Klar ist auch, dass das Verschwinden einzelner Arten meist zu Veränderungen im Beziehungsgeflecht der Ökosysteme führt. Es kann sogar zum Ausfall bestimmter für unser Wohlbefinden wichtigen Funktionen des Ökosystems (Ökosystemdienstleistungen) oder zum Zusammenbruch des gesamten Systems führen. Da kaum vorhersehbar ist, welche Veränderungen das Verschwinden einer einzelnen Art nach sich zieht, dürfen wir auch gegenüber einem „unsichtbaren“ Käfer wie dem Eremiten nicht fahrlässig sein und müssen seinen Lebensraum schützen.

Biodiversität ist die Vielfalt des Lebens, die ein Ökosystem erhält und stabilisiert. Bei sich ändernden Rahmenbedingungen sorgt eine möglichst hohe Biodiversität dafür, dass sich ein Ökosystem durch genetische Varianz und Veränderung der Artenzusammensetzung anpassen kann.

Die forstliche Nutzung soll möglichst minimalinvasiv erfolgen, um das Zusammenspiel der Arten möglichst wenig zu stören. Im ungezähmten Wald dürfen Bäume altern, zusammenbrechen und verrotten. Sie sind ein wichtiger Lebensraum für die Zersetzer. Der ungezähmte Wald erneuert sich selbst, und zwar durch standortheimische Baumarten, die sich ohne menschliches Zutun ansiedeln.

In einem definierten Lebensraum, einem Biotop, leben verschiedene Arten, die eine Lebensgemeinschaft, eine Biozönose, bilden. Alle Biotope und Biozönosen zusammen bilden die Biosphäre, die belebte Umwelt.

Biozönose und Biotop sind Bestandteile eines Ökosystems. Innerhalb eines Ökosystems besteht eine komplexe Wechselwirkung der Lebewesen untereinander und mit den abiotischen (unbelebten) Faktoren wie Boden, Wasser oder Licht. Auch das Ökosystem selbst steht im Austausch mit benachbarten Systemen.

Pflanzen, Tiere und Pilze sind voneinander abhängig und stehen in vielfältigen Wechselbeziehungen zueinander. Die Vernetzung dieser drei Lebensformen kann unterschiedlich intensiv sein und macht die Qualität eines Ökosystems aus. Dabei gilt eine einfache Regel: Je mehr Lebenspartner es in einem Naturhaushalt gibt und je älter ihr Netzwerk ist, desto intensiver und effektiver ist die Zusammenarbeit. Alte, reife Ökosysteme sind in der Lage, ihren eigenen Regen zu produzieren, Hitze zu mildern und zu speichern, Nährsalze unabhängig vom Muttergestein zu speichern, kurz: sich neue, lebensfreundlichere Rahmenbedingungen zu schaffen und zu erhalten.

Waldboden – die Ursuppe des Lebens

In der Innenstadt wird derzeit die Kanalisation erneuert. In der Straße zwischen den alten Fachwerkhäusern ist ein breiter Graben aufgerissen, der den Blick freigibt auf ein Gewirr von Leitungen: dünnere Trinkwasserrohre, dickere Abwasserrohre, Strom- und Glasfaserkabel. Nichts lässt sich genau zuordnen, aber eines ist sofort klar: Wir blicken auf das Versorgungssystem der Altstadt, das die alten Häuser miteinander verbindet. Täglich laufen wir darüber und ahnen nicht, was sich unter unseren Füßen abspielt, so wichtig diese unterirdischen Vorgänge auch sein mögen.

Ähnlich verhält es sich mit dem Waldboden. Auch hier gibt es mehr oder weniger gut sichtbare „Leitungen“: Wurzeln, Regenwurmgänge und Pilzfäden, die miteinander verbunden sind und ein System bilden.

Ein Blick in den Waldboden ist ein Blick in die Grundlagen des Lebens überhaupt. Der lebendige Boden – im Deutschen sprechen wir von „Mutterboden“ – ist die Ursuppe auf dem Festland der Erde: Alles Leben basiert auf dem, was im Boden geschieht. Wenn das Leben endet, kehrt alles einst Lebendige in ihn zurück und wird als Grundlage für neues Leben aufbereitet. Auch für den Menschen gilt: „Aus Erde bist du gemacht, zur Erde sollst du werden.“

Wenn wir mit dem Spaten ein Stück Waldboden ausheben, erkennen wir verschiedene Schichten. Ganz oben liegen Blätter und Nadeln. Diese Masse aus abgestorbenen Pflanzen wird in der Tiefe immer feiner, und darunter befindet sich eine schwarze, krümelige bis schmierige Schicht, der Humusboden. Um zu sehen, was sich dort abspielt, braucht man ein Mikroskop. Doch dann offenbart sich ein ganz eigenes Universum. In einem Teelöffel Humus leben bis zu einer Million Bakterien, 120.000 Pilze und 25.000 Algen.[17] Die Gesamtmasse aller Lebewesen auf einer Fläche von 100 mal 100 Metern beträgt etwa 15 Tonnen. Um sich das zu vergegenwärtigen, stelle man sich eine Herde von zwanzig Kühen auf der gleichen Fläche vor.

Nur noch rechenbar, aber nicht mehr vorstellbar ist folgender Vergleich: Weltweit leben 1.000.000.000-mal mehr Bakterien im Boden, als es Sterne im Weltall gibt.

Die Hauptaufgabe der Lebewesen im Humus besteht darin, pflanzliche und tierische Reste in ihre Grundbestandteile zu zerlegen, sodass diese mit Hilfe des Bodenwassers und der darin gelösten Stoffe (Bodenlösung) den Pflanzen wieder als Nährstoffe zur Verfügung

---

17 *Verlust der Biodiversität im Boden*, Bundesumweltamt, 2013

stehen. Je ungestörter dieser Prozess abläuft, desto stabiler ist das System Boden und desto widerstandsfähiger ist das gesamte Ökosystem Wald.

Unter der Lupe sieht die schwarze Humusschicht aus wie ein Schwamm oder ein Ameisenhaufen: Viele größere und kleinere Hohlräume ermöglichen den Luftaustausch, und an ihren Wänden fließt das Wasser ab. Ihre Dimensionen reichen von großen Röhren, wie sie zum Beispiel Regenwürmer hinterlassen, bis hin zu kleinsten Poren, den Kapillaren. Alle Bewohner des Erdbodens sind auf sie angewiesen, denn diese Hohlräume sorgen für erträgliche Temperaturen und halten den Lebensraum ständig feucht. Im Ökosystem Wald werden diese Rahmenbedingungen vor allem durch viele alte Bäume geschaffen, die ein weitgehend geschlossenes Kronendach bilden.

Das Zusammenspiel in der Lebenswelt des Bodens ist bis heute wenig erforscht. Viele Prozesse sind unbekannt. Messbar und auch sichtbar ist jedoch, dass die lebendige Humusschicht in intakten Wäldern am stärksten ausgeprägt ist. Aus dem Humus beziehen die Waldbäume die meisten Nährstoffe für ihr Wachstum. In den gemäßigten Breiten, also bei uns, liegen unter dem Humus weitere Bodenschichten aus verwittertem Gestein, die ebenfalls Mineralstoffe an die Bodenlösung abgeben. Herrscht dort ein Überschuss, werden sie in die Tonminerale wieder aufgenommen.[18] Grundvoraussetzung für diesen Austausch ist jedoch ein intaktes Waldinnenklima und ausreichend Feuchtigkeit im Boden. Um die Nährstoff- und Feuchtigkeitsressourcen zu erreichen, können Baumwurzeln bis zu acht Meter tief in den Boden eindringen.

18 Wichtig für die Fruchtbarkeit ist der Tonanteil im Boden. Die Tonminerale sind wie eine Lasagne aufgebaut: Die „Füllung“ zwischen den Trägerschichten sind die für die Pflanzen wichtigen Minerale, die sowohl in die Bodenlösung diffundieren können als auch von dort wieder aufgenommen und zwischengespeichert werden.

In der Humusschicht befinden sich außerdem die „Leitungsnetze" des Waldbodens. Eines dieser Netze bilden die Bäume selbst, indem sie ihre Wurzeln miteinander verflechten. Die Wirkung solcher Verbindungen ist im Wald oft zu beobachten. So sorgen die Nachbarn eines gefällten Baumes dafür, dass sich der verbleibende Stumpf mit Wundgewebe verschließt, damit von dort keine Infektionen in das gemeinsame Wurzelgeflecht eindringen können.

Das umfangreichste Leitungssystem im Boden wird von den Pilzen gebildet. Die meisten Menschen kennen nur ihre oberirdisch sichtbaren Fruchtkörper. Der eigentliche Pilz besteht jedoch aus einem Geflecht feinster Fäden, den so genannten Pilzhyphen, und dieses Geflecht aus Pilzfäden kann gigantische Ausmaße annehmen. 2008 wurde im Malheur National Park in Oregon/USA ein Schwarzer Hallimasch entdeckt, dessen Hyphengeflecht sich über 900 Hektar erstreckte. Das entspricht etwa 1.200 Fußballfeldern. Dieser Pilz gilt als das größte bisher bekannte Lebewesen der Welt und ist mit einem geschätzten Alter von mindestens 2.400 Jahren auch eines der ältesten überhaupt.

Der Boden ist einer der wichtigsten und zugleich empfindlichsten Bestandteile des Ökosystems Wald. Wird der Wald gerodet und alles Baummaterial entfernt, ist der Waldboden ungeschützt der Sonne ausgesetzt. Bei sommerlichen Temperaturen sterben die empfindlichen Bodentiere, Pflanzen und Pilze ab, weil der Humus zu heiß wird und austrocknet. Durch die Zersetzung entweicht CO_2 in die Atmosphäre, und die Nährstoffe der fruchtbaren Bodenlösung, die nun nicht mehr vom Bodenleben gehalten werden, gelangen mit dem versickernden Regen ins tiefere Grundwasser.

Ähnlich schlimme Auswirkungen hat es, wenn der Waldboden mit großen Erntemaschinen befahren wird. In den Fahrspuren werden alle Poren des Bodens zusammengepresst. Das Bodenleben erstickt, Regenwürmer können die entstehende harte Kruste nicht mehr durchbrechen. Die Vernetzung ist gestört und die positiven Eigenschaften des Bodens kommen nur noch sehr eingeschränkt oder gar nicht mehr zum Tragen. Die Regeneration des Bodens nach Befahrungsschäden dauert im günstigsten Fall Jahrzehnte, im ungünstigsten Fall ist die Zerstörung irreversibel.[19] Genau das aber passiert bei dem Einsatz von großen Erntemaschinen, die seit Mitte der 1990er-Jahre in unseren Wäldern eingesetzt werden: Aus technischen Gründen muss für sie alle 20 Meter eine Gasse in den Wald geschlagen werden. Sie üben durch ihr enormes Gewicht von bis zu 40 Tonnen einen enormen Druck auf die Waldböden aus. Da die teuren Maschinen ganzjährig und bei jedem Wetter eingesetzt werden, zerstören sie bis zu 20 Prozent des Waldbodens und – besonders schlimm –unterbrechen die darin verlaufenden Leitungen.

Die höchste biologische Aktivität herrscht im Waldboden eines reifen Ökosystems. Dazu ist ein intaktes Waldinnenklima nötig, was wiederum am besten von einem geschlossenen alten Wald gebildet wird. Für die Holzernte im ungezähmten Wald bedeutet das, dass stets eine Mindestmenge an alten Bäumen erhalten bleiben muss, die sich aus dem Fundus des Waldbestandes immer wieder erneuern kann. Nur so ist gewährleistet, dass der Waldboden seine Ökosystemkräfte und seine biologische Eigendynamik in bester Güte erhält. Und solange es keine bessere Technik gibt, die den Waldboden nicht verdichtet, sollen Maschinenwege einen Mindestabstand von 80 Metern haben.

19 a) Corinna Ebeling, Friederike Lang und Thorsten Gaertig: *Structural recovery in three selected forest soils after compaction by forest machines in Lower Saxony, Germany.* Forest Ecology and Management 2015;
b) Hochschule Osnabrück: *Abschlussbericht RÜWOLA*, Osnabrück 2017

CO_2-Speicher – Wald als Klimaretter?

Die Durchschnittstemperatur steigen von Jahr zu Jahr. Auf der ganzen Welt schmelzen die Gletscher, die Wüsten breiten sich aus und selbst in Mitteleuropa, wo es immer reichlich Wasser gegeben hat, wird diese Ressource knapp. Die Ursache für den Temperaturanstieg sind Klimagase, die den nächtlichen Temperaturausgleich der Atmosphäre mit dem Weltall beeinflussen, vor allem Kohlendioxid (CO_2)„ das seit dem Beginn der Industrialisierung vor 250 Jahren durch das Verfeuern von Kohle, Erdgas und Erdöl verstärkt freigesetzt wird. Der Anteil von Kohlendioxid in der Atmosphäre hat sich seitdem verdoppelt.

Der Kohlenstoff im CO_2 ist kein Umweltgift, im Gegenteil, es ist das wichtigste Element der Biochemie, also des Lebens. Alles, was wir zum Leben brauchen, beginnt mit der Photosynthese der Pflanzen, bei der aus Sonnenlicht, Wasser und Kohlendioxid alle Bausteine des Lebens entstehen. Jedes Lebewesen ist mithin ein CO_2-Speicher, das gilt für uns acht Milliarden Menschen genauso wie für Bäume, Gräser, Vögel und Insekten. Der in Pflanzen und Tieren gespeicherte Kohlenstoff wird im Prozess der Verwesung wieder an die Atmosphäre abgegeben. Die Zusammensetzung der Atmosphäre und die Anteile von Kohlendioxid und Sauerstoff werden also durch das Leben auf der Erde gesteuert.

Die Frage ist, wie der Negativtrend, also die Anreicherung der Atmosphäre durch immer mehr CO_2, gestoppt, das „Zuviel" an CO_2 wieder gebunden werden kann. Schätzungsweise etwa die Hälfte des vom Menschen freigesetzten CO_2 sind in den Weltmeeren gebunden – mit dem Effekt, dass Kohlensäure freigesetzt wird. Die damit einhergehende Versauerung der Meere hat wiederum negative Auswirkungen auf Meeresorganismen wie Korallen, die CO_2 in Kalkstein binden.

An Land sind es die Wälder und Moore, die am meisten und am nachhaltigsten CO_2 binden. Deswegen geht es in diesem Kapitel um die Frage, welche Rolle unsere Wirtschaftswälder bei der Speicherung spielen und was dabei die Vorteile des ungezähmten Waldes sind. Doch vorab eine Bestandsaufnahme:

Wir Menschen haben die Pflanzendecke der Erde in den letzten 10.000 Jahren drastisch reduziert. Und diese Reduktion geht immer weiter: Allein in Deutschland werden 50 Hektar Land pro Tag versiegelt. Versiegelung bedeutet, dass die Vegetationsdecke dauerhaft zerstört wird und als CO_2-Speicher nicht mehr zur Verfügung steht. Die Kapazität der lebenden Speicher weltweit hat sich inzwischen halbiert. Das bedeutet, die Hälfte des auf der Erde möglichen Chlorophylls fehlt, mit dessen Hilfe die Pflanzen Energie gewinnen und dabei der Luft CO_2 entziehen können. Mit anderen Worten: Die

Neubindung von Kohlenstoff in der Vegetation findet nur mit halber Kraft statt.

Was lässt sich dagegen tun? Das Crawther Lab der Eidgenössischen Technischen Hochschule Zürich (ETH) hat berechnet, dass sich mit einer weltweiten Neuaufforstung von 0,9 Milliarden Hektar Wald zwei Drittel des durch die Industrialisierung ausgestoßenen CO_2 wieder binden ließe. Das entspricht der Größe der USA, aber diese Flächen wären durchaus vorhanden. Umweltverbände fordern deswegen neben dem Stopp der Waldzerstörung eine umfassende Aufforstung.

Die Wirklichkeit sieht aktuell jedoch anders aus: Rund 18 Prozent bis 25 Prozent der weltweiten CO_2-Emissionen stammen aus der Zerstörung von Wäldern in Indonesien und Zentralafrika, am Amazonas und in Russland, in Kanada und anderen Teilen der Welt. Riesige Waldbrände heizen das Klima zusätzlich an und belasten die Atmosphäre mit Feinstaub.

Wenn wir auf Deutschland blicken, bieten Wälder die beste Möglichkeit, CO_2 zu speichern. Unser Waldspeicher gliedert sich in drei Bereiche auf: das Holz der lebenden Bäume, das Leben im Waldboden und das geerntete und verarbeitete Holz.

Das Holz der Waldbäume ist der wichtigste und dauerhafteste oberirdische CO_2-Speicher. Bisher werden Bäume geerntet, wenn sie erst ein Drittel ihrer natürlichen Lebenserwartung erreicht haben. Nur sehr wenig Wald in Deutschland ist älter als 160 Jahre. Der Holzvorrat der Bäume beträgt mithin nur ein Drittel der Menge, die unsere Urwälder speichern könnten. 2019 betrug die Holzmasse in Deutschlands Wäldern 336 Kubikmeter pro Hektar. Im ungezähmten Wald können die Bäume mehr als doppelt so viel CO_2 speichern wie bisher. Und das geht, wie im „Kapitel Holz wächst an Holz“ gezeigt wird, verhältnismäßig schnell: In den beiden beschriebenen Stadtwäldern hat sich die Holzmasse bereits nach 30 Jahren verdoppelt.

Der zweite Speicherort ist das Leben im Waldboden. Seine Größenordnung kann bisher nur geschätzt werden. Man weiß aber, dass im

Waldboden sogar wesentlich mehr CO_2 gespeichert wird als im lebenden oberirdischen Holz. Sein größtes Aufnahmevolumen erreicht der Waldboden in reifen alten Waldökosystemen, und selbst in ungestörten Urwäldern scheint dieser CO_2-Speicher immer weiter zu wachsen. Wir haben bisher weder in Göttingen noch in Lübeck messen können, wie stark dieser Speicher seit 1994 angewachsen ist, aber bei vorsichtiger Schätzung rechnen wir hier mit einer Verdoppelung.

Den dritten CO_2-Speicher des Waldes haben wir Menschen selbst in der Hand. Holz ist für uns einer der wichtigsten Rohstoffe. Zeitungen, Kaffeefilter, Möbel, Kleidung – Holz ist in unserem Leben überall präsent. Das Holz, aus dem wir langlebige Gegenstände herstellen, der „verbaute Wald", bildet die dritte Säule der CO_2-Speicherung. Der Dachstuhl der Kathedrale Notre Dame in Paris hat über 600 Jahre lang Kohlenstoff gespeichert, das Holz der meisten unserer Fachwerkhäuser ist vor 200 bis 400 Jahren geerntet worden. Bis zur Erfindung der Wegwerfmöbel durch ein schwedisches Möbelhaus wurden Möbel zwei bis drei Generationen lang genutzt. Das in den Wäldern eingelagerte CO_2 lässt sich also jahrhundertelang außerhalb des Waldes weiterspeichern und dieser Speicher lässt sich umso schneller aufbauen, je mehr langlebige Holzprodukte wir herstellen, während wir auf solche mit kurzer Lebensdauer verzichten: Holzhäuser statt Zeitungen, dauerhafte Möbel statt Pappkarton. Bislang wird nur ein kleiner Anteil – geschätzt zwischen 3 und 10 Prozent des genutzten Holzes – in diesen langfristigen Speicher gepackt. Die größte Menge des geernteten Holzes wird zu Papier, Brennholz oder anderen kurzlebigen Produkten verarbeitet und ist nach einem Jahr wieder zu CO_2 geworden. Beim Ausbau dieses dritten Speichers benötigt man dickes wertvolles Stammholz, wie es der ungezähmte Wald bietet: Während derzeit 43 Prozent des in deutschen Forsten geernteten Holzes verbrannt oder zu Papier verarbeitet werden, beträgt dieser Anteil im Lübecker Stadtwald nur 18 Prozent. Ein Großteil der dortigen Holzernte, nämlich 82 Prozent, wird zu langlebigen Produkten verarbeitet.

Die Größenordnung, mit der der Wald in Form des ersten Speichers („lebendes Holz der Waldbäume") sowie des dritten Speichers („verarbeitetes Holz") zur CO_2-Bindung beiträgt, hat das Thünen-Institut im Auftrag des zuständigen Bundesministeriums errechnet.[20] Demnach bindet der Wald in Deutschland momentan 7 Prozent der Gesamt-Emission unseres Landes. Was durch die Aufstockung des Holzvorrats im ungezähmten Wald möglich ist, zeigen die Ergebnisse der beiden Stadtwälder von Göttingen und Lübeck, in denen sich die Holzvorräte innerhalb von 25 Jahren um 80 Prozent erhöht haben.

Wie sicher ist die CO2-Speicherung in unseren Wäldern, was macht Wälder stark?

Die Dürrezeiten, die in den vergangenen Jahren unsere Wälder geschädigt oder zerstört haben, lassen Zweifel aufkommen, ob wir uns auf eine dauerhafte Speicherung von Kohlendioxid im Wald verlassen können. Was stärkt und schwächt unsere Wälder und welche Bedeutung kommt in diesem Zusammenhang dem ungezähmten Wald zu?

Wie wir gesehen haben, bestehen Wälder nicht nur aus Bäumen, sondern aus einem eng geknüpften Netzwerk aus Pflanzen, Pilzen und Tieren. Naturwälder sind deswegen widerstandsfähiger gegenüber äußeren Einflüssen, weil sie dieses Netzwerk in einem langen Entwicklungsprozess optimiert haben. Wenn unsere Wälder stabiler werden sollen, müssen wir uns an den Natur- und Urwäldern orientieren und auch unseren Wäldern ermöglichen, sich zu reifen Ökosystemen zu entwickeln. Dazu müssen wir ihnen die nötige Zeit lassen.

20 Thünen-Institut: *Charta für Holz 2.0 – Kennzahlenbericht 2021 Forst und Holz,* Braunschweig 2021

Die Buche ist im Urwald unserer Breiten die häufigste Baumart: 75 Prozent unserer Wälder wären Buchenwälder. Ihr heutiger Anteil beträgt hingegen nur 16 Prozent. Buchenurwälder gibt es hierzulande nur noch in kleinen Resten, und der Anteil der mindestens 160 Jahre alten Buchenwälder, die vollendete Ökosysteme aufgebaut haben, ist verschwindend gering.[21] Dort wo einstmals Buchen- und Buchenmischwälder waren, stehen heute Fichte (25 Prozent der Fläche), Douglasie (2 Prozent) oder Lärche (3 Prozent). Wo Eichenwälder heimisch waren, wachsen heute überwiegend Kiefern (23 Prozent der Fläche). Die Stabilität und damit die dauerhafte Speicherung von CO_2 in Wäldern, die aus nichtheimischen Baumarten aufgebaut sind, ist nicht sicher. Allein in den vergangenen fünf Jahren sind über 200.000 Hektar dieser Wälder zusammengebrochen, und es ist damit zu rechnen, dass die Fichtenplantagen in den nächsten Jahrzehnten komplett ausfallen werden. Das beträfe insgesamt 25 Prozent unseres Waldspeichers. Statt auf schnellwüchsige, ertragreiche Nadelwälder zu setzen, müssen wir unsere vorhandenen Wälder stabiler machen, damit sie ihre Funktion langfristig erfüllen können. Und bei einem Zusammenbruch von instabilen Wäldern muss der Natur die Möglichkeit eingeräumt werden, neue, stabile Wälder aufzubauen. Der Weg dahin führt beispielsweise bei den großflächig zerstörten Fichtenwäldern über eine Sukzession und beim übrigen Wald über natürliche Ansamung, also Naturverjüngung. Beide Walderneuerungsarten beruhen auf einer verschwenderischen Fülle an jungen Bäumen. Das ermöglicht eine strenge Auswahl, wie Charles Darwin (1809–1882) sie beschrieben hat: Nur die lebenstüchtigsten Waldbäume überleben und werden sich weiter vermehren („Survival of the fittest"). Und noch eine weitere wichtige Komponente wird wirksam: Die Weitergabe von Erfahrung, wie sie Jean Baptiste de Lamarck (1744–1829) erforschte und beschrieb. Bäume (wie auch

21 Je nach Definition beträgt der Anteil der über 160-jährigen Buchenwälder 1 bis 3 Prozent der Waldfläche.

alle anderen Lebensformen) können aufgrund äußerer Umweltbedingungen bestimmte, in ihren Genen verankerte Eigenschaften „freischalten", um mit neuen Situationen besser zurechtzukommen. Diese Fähigkeit der Natur, Lebenserfahrungen einzusetzen und an die nächste Generation weiterzugeben, wird in der Epigenetik erforscht. So gibt beispielsweise ein Baum seine Erfahrung von Trockenheit an seine Samen weiter: In den Baumsamen aus den Trockenjahren 2018, 2019 und 2021 werden dabei Gene aktiviert, die dafür sorgen, dass die aus ihnen entstehenden Bäume besser mit Stresssituationen wie Hitze und sommerlicher Trockenheit zurechtkommen.

Um diese genetische Anpassung zu nutzen, empfiehlt es sich, Bäume mit bester Vitalität und Qualität dauerhaft von der Holzgewinnung auszuschließen, damit sie ihre guten Eigenschaften an die nächste Generation weitergeben können. Genau das wird im ungezähmten Wald praktiziert: Er wird älter, hat hohe Holzvorräte und entwickelt sein Ökosystem weiter. Die Verjüngung des Waldes geschieht grundsätzlich mittels Naturverjüngung. In ihm sorgen Sukzession sowie die genetische und epigenetische Auswahl der Baumarten für die langfristige sichere CO_2-Speicherung im Waldökosystem.

Standortheimische Bäume oder „Wunderbaumarten" aus Nordamerika?

Seit Beginn der modernen Forstwirtschaft im 19. Jahrhundert suchen Förster nach Baumarten, die schneller wachsen und höhere Holzerträge bringen. Die Misserfolge und Rückschläge, die diese Bemühungen mit sich brachten, sind indes niederschmetternd: Schäden durch Pilze und Insekten können allen Aufwand zunichtemachen – oft in kürzester Zeit. Dennoch wird bis heute nach der „Superbaumart" gesucht, die allen Witterungswidrigkeiten trotzt und hohe Holzerträge liefert. Aktuell stehen Douglasie und

Küstentanne hoch im Kurs, um die (Holz-)Bilanz der deutschen Forstwirtschaft zu retten.

Doch wie sind der Anbau von Exoten aus Sicht der CO2 Speicherung im Wald zu beurteilen? Aus den bereits beschriebenen Gründen und der Überzeugung, dass Exoten unter den Baumarten ein wesentlich instabileres Beziehungsnetz im Wald aufbauen, setzt der ungezähmte Wald auf die heimischen Baumarten, um eine dauerhafte CO2-Bindung zu sichern. Und erstaunlicherweise sind die ökologischen Anpassungsfähigkeiten unserer heimischen Baumarten noch gar nicht ausreichend erforscht und bekannt. Ein Beispiel hierfür ist unsere häufigste Laubbaumart, die Buche. Die Geobotaniker Christoph Leuschner und Dietrich Hertel vom Institut für Geobotanik der Universität Göttingen sind nach jahrzehntelangen Untersuchungen zu dem Ergebnis gekommen, dass das Standortsspektrum dieser Baumart weitaus größer ist, als von der Forstwissenschaft bisher angenommen wird: Die Buche wächst auch in wesentlich trockneren Bereichen als bisher angenommen. Dabei reagiert sie auf den trockneren Standorten damit, dass sie nicht mehr in den Zuwachs des Stammdurchmessers, sondern verstärkt in die Feinwurzeln investiert, um weiterhin ausreichend Wasser und Nährstoffe zu erhalten. Leuschner und Hertel fanden heraus, dass die in letzter Zeit gehäuft auftretenden Samenjahre (Vollmast) kein Zeichen von Stress sind, sondern ihre Ursache in spezifischen Wetterkonstellationen Ende Juni/Anfang Juli haben. Diese Wetterlagen treten immer häufiger auf. Da Bäume, wie alle Lebewesen, ihre Hauptaufgabe in der Weitergabe von Leben sehen, investieren sie in diesen Zeiten weniger in die Blätter und noch weniger in das Dickenwachstum des Stammes, sondern vor allem in die Produktion von Samen.

Die Göttinger Geobotaniker entdeckten außerdem eine für Buchen kritische Konstellation, die in den letzten Wintern vermehrt auftrat: Der Baum benötigt genügend Wasservorräte im Waldboden, um im Frühjahr richtig durchstarten zu können. In den letzten Jahren war das nicht der Fall, und einige Buchen bekamen Probleme.

Anders sieht es bei der Eiche aus. Welche Witterungsschwankungen dieser Baum aushalten kann, lässt sich gut an den Ivenacker Eichen in Mecklenburg zeigen. Diese „1.000-jährigen" Bäume sind bis zu 800 Jahre alt und haben, wie Wetterauswertungen zeigen, deutlich extremere Bedingungen als das Wetter 2018 verkraftet und überlebt.

Die meisten unserer Laubbäume gelten forstlicherseits als „Nebenbaumarten" oder „Unholz", weil ihr Holz bislang nicht von wirtschaftlichem Interesse war. Linde und Bergahorn haben jedoch 2018/19 gezeigt, dass sie mit Trockenstress gut zurechtkommen.

Die Klimaerwärmung wird dazu führen, dass sich die Zusammensetzung der Waldgesellschaften ändern wird. Die Wälder werden sich den neuen Bedingungen anpassen [22] (wie sie es über Jahrhunderte getan haben) und voraussichtlich baumartenreicher und gemischter werden. Die Holzwirtschaft wird sich darauf einstellen müssen.

Waldwirtschaft im Klimawandel

„Der gute Forstwirt lässt die vollkommenen Wälder geringer werden, der schlechte verdirbt sie", schrieb Heinrich Cotta (1763–1844) im Jahr 1817.[23] Cotta gehört zu den „forstwissenschaftlichen Klassikern", also den Gründern der modernen Forstwissenschaft. Schon ihm war bewusst, dass eine Bewirtschaftung des Waldes seine Stabilität und Qualität negativ beeinflussen und im schlimmsten Fall ruinieren kann. Nicht erst die „radikalen" Umwelt- und Naturschützer des 21. Jahrhunderts haben das entdeckt. Vielmehr war es schon immer das Bestreben von verantwortungsbewussten Forstleuten, den Wald bei

22 Pierre L. Ibisch: *PnV oder PnöP. Potentielle natürliche Prozesse als neues Zielsystem im Waldnaturschutz?*, Vortrag Lübeck 2018

23 Heinrich Cotta: *Anweisungen zum Waldbau*, Dresden 1817. Weiter schreibt er: „Die Wälder bilden und entstehen da am besten, wo es keine Menschen – und folglich auch keine Forstwissenschaft gibt."

der Holznutzung so wenig wie möglich zu schädigen. Zur forstlichen Nachhaltigkeit gehörte für sie, den Wald dem Nachfolger in einem ökologisch und ökonomisch besseren Zustand zu übergeben, als man ihn übernommen hatte.

Das Dilemma zwischen Holznutzung und Waldstabilität ist in den Dürrezeiten der vier vergangenen Jahre besonders deutlich geworden. Unbewirtschaftete Naturwaldflächen sind sichtbar resistenter gegenüber Trockenstress als bewirtschaftete Wälder. Durchforstungen hingegen führen in Trockenperioden zu erhöhtem Trockenstress und vermindertem den Zuwachs.[24] Unmittelbare Ursachen hierfür sind die Verschlechterung des Waldinnenklimas durch die Öffnung des Kronendaches sowie die Vergrößerung der Einzelkronen, die zu einer höheren Verdunstung und damit zu einem höheren Wasserbedarf des Baumes führen.

Alternativen für bodenschädigende Maschinen

Wie bereits beschrieben, ist die derzeit gravierendste Beeinträchtigung der Stabilität des Waldes der Einsatz von Großmaschinen, die seit Mitte der 1990er-Jahre bei der Holzernte eingesetzt werden und die durch irreversible Bodenschädigungen das Waldökosystem langfristig beeinträchtigen. Wie in der Landwirtschaft auch durchschneiden die Spuren dieser Maschinen die „Waldfelder" und verringern durch massiv verdichteten Waldboden die Luftdurchlässigkeit, Durchwurzelbarkeit und Wasserverfügbarkeit für die Pflanzen. Die Auswirkungen sind durch zahlreiche Studien belegt.[25] Fruchtbare Böden regenerieren sich

---

24 Mausolf et al.: *Higher drought sensitivity of radial growth of European beech in managed than in unmanaged forests*. Science of the Total Environment, 2018

25 Hochschule Osnabrück: *Abschlussbericht Projekt RÜWOLA*, Osnabrück 2017

in 35 bis 40 Jahren, arme Böden wie Sandböden brauchen viel länger oder regenerieren sich gar nicht.[26]

M. A. Marganne von der Oregon State University geht in seiner Studie davon aus, dass bereits ein einmaliges Befahren des Waldbodens zu irreversiblen Schäden führt.[27]

Andere Techniken sind gefragt und auch verfügbar, etwa der Einsatz von Pferden, die in den beiden hier beschriebenen Stadtwäldern schwächere Holzsortimente aus dem Wald ziehen. Seit neuesten gibt es Kleinmaschinen mit Raupenantrieb und geringem Eigengewicht (sie wiegen „nur" 1,2 Tonnen, sind also geringfügig schwerer als Rückepferde). Auch auf ebenen Waldflächen können Seilkrananlagen eingesetzt werden, die gar keine Bodenschäden mehr verursachen. Im kleinen Land Luxemburg werden sie zur Hälfte vom Land bezuschusst – eine lohnende Investition in die Zukunft.

Der ungezähmte Wald, der auf Durchforstungen und andere systematische Bearbeitung des Waldes verzichtet, kennt die meisten dieser Probleme nicht. Den einzigen Eingriff in das Waldökosystem stellt die Ernte wertvoller starker Bäume dar. Dabei wird auf altbewährte Verfahren zurückgegriffen, die den Waldboden möglichst wenig und auf keinen Fall dauerhaft schädigen. Die Bäume werden von gut ausgebildeten betriebseigenen Waldarbeitern mit der Motorsäge gefällt. Starke Stämme werden, wenn möglich, bereits nach dem Fällen in Abschnitte eingeteilt und so zurechtgesägt, wie der Holzkunde es braucht. Die Stämme werden damit kürzer und leichter. Zum Herausziehen aus dem Waldbestand wird eine günstige Witterung (Frost, trockner Boden) abgewartet.

---

26 Untersuchungen in den USA aus den Jahren 1970 bis 1990 in Douglasien- und Gelbkieferbeständen zeigen, dass je nach Verdichtungsgrad mit Verlusten von 13 bis 69 Prozent des Volumenzuwachses zu rechnen ist, wenn mehr als 10 Prozent des Durchwurzelungsbereiches Verdichtungseffekte aufweisen.

27 M. A. Marganne: *Soil Compaction and Disturbance Following a Thinning of Second-Growth Dougla-fir with a Cut-to-Length and Skyline System in the Oregon State*. Oregon State University 1997

Die Fähigkeit unserer Wälder, große Mengen an CO_2 zu speichern, hat sie in den Fokus der Politik gerückt. Die Rolle des Waldes als CO_2-Speicher wird möglicherweise wichtiger werden als seine bisherigen Funktionen. Gleichzeitig geraten unsere Wälder zunehmend unter Stress. Trocken- und Hitzeperioden sowie Stürme erfordern neue Anpassungsstrategien.

Holzproduktion und Holzernte werden weiterhin wichtig sein, dürfen aber die neuen Aufgaben nicht behindern. Holzwirtschaft ohne Rücksicht auf Natur- und Umweltschutz zu betreiben, wäre der Untergang der Forstwirtschaft.[28] Der ungezähmte Wald bietet eine Möglichkeit, zu den alten forstlichen Tugenden zurückkehren. Dabei könnte ein geschickter Umgang mit dem Handel von CO_2-Derivaten eine neue Form der Waldwirtschaft begründen, die sich rechnet: der CO_2-Speicherwald. Einen solchen Wald alt und vorratsreich werden zu lassen, hätte dann einen dreifachen Nutzen: einen politischen, einen ökologischen – und bei einem Handelswert von 180 Euro pro Tonne CO_2 auch einen ökonomischen.

28 Schon 1995 mahnte der Niedersächsische Waldbaureferent Hans-Jürgen Otto bei der Verleihung des Pfeil-Preises: „Wenn wir die im Gange befindlichen Veränderungen der Gesellschaft und deren psychologische Folgen negieren, werden Förster als Berufsstand das nächste Jahrhundert nicht überleben, gleichgültig welchen Waldbau sie betreiben. Vor dem Hintergrund der urban-technischen Entwicklung scheint das Zusammenwachsen von Forstwirtschaft und Naturschutz für das nächste Jahrhundert eine wichtige Voraussetzung des Überlebens zu sein."

Wald als Regenmacher

Das Gewitter ist vorüber, über den bewaldeten Höhenrücken des Osburger Hochwalds bildet sich Wasserdampf. Unter mir, im Tal der Ruwer, wälzt sich ein Gletscher aus Wolken langsam und lautlos talwärts. Beeinflusst der Wald das Wetter, ist er gar ein Wolkenmacher?

Das Grün des Waldes ist von gelben und braunen Flecken durchzogen. Sie rühren von abgestorbenen Fichten her, die in den vergangenen Jahren Opfer der Trockenheit und der Borkenkäfer wurden; die betroffenen Areale sind zum Teil großflächig geräumt worden. Drei trockene Jahre hintereinander, und im Sommer ein Vierteljahr ohne Niederschlag und Temperaturen über 30 Grad! Der Klimawandel hat uns erreicht, schneller und heftiger als vor zehn Jahren prognostiziert. Wie krank ist unser Wald?

Das Jahr 2018 begann mit Friederike, einem verheerenden Frühjahrssturm. Im April setzten dann sommerliche Temperaturen ein, die bis in den Oktober anhielten. Es regnete wochenlang nicht. Ende August zeigten sich die ersten Trockenschäden an den Laubbäumen, die Fichten wurden vom Borkenkäfer befallen. Auch in den Kiefernwäldern begann das Baumsterben, und in den Städten litten die bis dahin als unverwüstlich geltenden Birken. 2019 gab es eine Zugabe mit bis zu 40 Grad Celsius und ebenfalls viel zu wenig Regen. Bis Ende 2019 waren allein über 200.000 Hektar Fichtenwälder vernichtet. 2020 gab es eine kleine Erholungspause. Das Jahr war fast wieder normal, zumindest was die Niederschläge anging. 2022 erlebten wir die nächste monatelange Sommertrockenheit. Diesmal schienen sich die Bäume schon ein wenig an die neue Situation gewöhnt zu haben. Es starb nicht mehr so viel Wald wie in den Dürrejahren zuvor.

„Wann wird's mal wieder richtig Sommer?" Der Schlager aus den 70er-Jahren, in dem Rudi Carrell das nasse, „sibirische" Wetter beklagt und sich einen „richtigen" Sommer mit Sonnenschein von Juni bis September „wie früher" herbeisehnt, erscheint aus heutiger Perspektive wie eine fatale Beschwörung. Das Lied beschreibt die typischen Wetterverhältnisse, wie sie in unseren Breiten normalerweise herrschten. Im Sommerhalbjahr fällt hierzulande in der Regel bei gemäßigten Temperaturen der meiste Regen. Das Wetter ist eher wechselhaft und schwankt von Tag zu Tag. Eine Vorhersage für mehr als die nächsten drei Tage trifft mit einer Wahrscheinlichkeit von lediglich 50 Prozent tatsächlich zu.

Wetter ist nicht dasselbe wie Klima: Als Klima bezeichnet man die Mittelwerte von Temperatur und Luftfeuchtigkeit und deren Verteilung über das Jahr. Nur durch langfristige Wetteraufzeichnungen kann das Klima erfasst werden. Im Rückblick zeigt sich, dass es nie konstant war: Das frühe Mittelalter war eine Warmzeit, in ganz Deutschland wurde

Wein angebaut. Zu Luthers Lebzeiten gab es eine Kaltphase, eine kleine Eiszeit. Seit Beginn der systematischen Wetteraufzeichnungen vor 150 Jahren wird es weltweit immer wärmer. Bei uns ist die Durchschnittstemperatur seitdem um 1,6 Grad gestiegen. Dieser Trend scheint sich im letzten Jahrzehnt beschleunigt zu haben.

Für das Pflanzenwachstum ist neben der Temperatur vor allem eine ausreichende Wasserversorgung entscheidend. In Mitteleuropa kommt das meiste Wasser aus dem Westen: Zwischen den Hoch- und Tiefdruckgebieten, die mit dem Wind vom Atlantik her über Europa ziehen, gibt es Erwärmungs- und Abkühlungszonen. Warme Luft nimmt mehr Wasser auf als kalte. Kühlt sie ab, kondensiert das enthaltene Wasser und es regnet. Wie erwähnt, fällt der meiste Niederschlag bislang im Sommer. Bei höheren Temperaturen und aktiver Vegetation wird der meiste Regen sofort von den Pflanzen aufgenommen. Anders im Winterhalbjahr, wenn die Vegetation ruht. Dann füllen sich die Grundwasserspeicher und die Bodenfeuchte steigt – gut für den Austrieb im nächsten Frühjahr.

Hoch- und Tiefdruckgebiete wechseln sich bei uns in kurzen Abständen ab.

Doch in jüngster Zeit werden die einzelnen Phasen immer länger, für die Meteorologen eine Folge des Klimawandels: Zwischen den Polen und den gemäßigten Breiten weht ein Höhenwind. Er ist der eigentliche Motor, der Hoch- und Tiefdruckgebiete über die gemäßigten Breiten treibt. Man nennt ihn Jetstream, und tatsächlich nutzen viele Verkehrsflugzeuge diesen Wind, um Kerosin zu sparen. Seine Kraft bezieht der Jetstream aus dem Temperaturunterschied zwischen dem Nordpol und unseren Breiten. Durch den Klimawandel jedoch erwärmen sich die Pole schneller als die gemäßigten Regionen der Nordhalbkugel. Dadurch nehmen Stärke und Geschwindigkeit des Höhenwindes ab. Wenn sich Hochs und Tiefs daher langsamer bewegen, sind lange Hitze- oder Regenperioden die Folge. Im Jahr 2018 „parkte" ein Hoch für längere Zeit über Europa. Bislang kam das statistisch nur alle 285 Jahre vor, künftig ist es im Schnitt alle acht Jahre möglich. Wie die Jahre 2019 und 2022 zeigen, kann es sogar in noch kürzeren Zeitabständen passieren.

Eine weitere Folge ist die geänderte Verteilung der Niederschläge über das Jahr. Folgt auf tropische Sommertage mit bis zu 40 Grad das nächste Tiefdruckgebiet, so führt der große Temperaturunterschied zwischen Hoch und Tief an den Fronten zu extremen Wetterereignissen: Gewitter mit Sturmböen und Hagel, Windhosen und Tornados, Starkregen mit Überschwemmungen. Ausgetrocknete Böden können Wasser nur schlecht aufnehmen, sodass Starkregen oberflächlich abfließt und kaum in tiefere Bodenschichten vordringt. Bei gleicher Jahresniederschlagsmenge kommt so weniger Wasser bei den Pflanzen und im Grundwasser an.

Eine weitere Prognose ist noch nicht eingetroffen: Meteorologen befürchten extreme Kaltlufteinbrüche im Winterhalbjahr, wenn die arktischen Luftmassen instabil werden. Temperaturen von bis zu minus 40 Grad wären dann auch bei uns möglich.

Der rasante Klimawandel bedeutet für unsere Wälder enormen Stress. Lange sommerliche Trockenperioden und tropische Temperaturen machen ihnen stark zu schaffen. Wie können wir den Wald retten? Gibt es Baumarten, die den veränderten Bedingungen standhalten? Welche Bedingungen braucht es, um Wälder stabil zu machen? Förster und Forstwissenschaftler denken intensiv über klimastabile Wirtschaftswälder der Zukunft nach. Wo soll man anfangen?

Pflanzengesellschaften sind sich selbst stabilisierende Systeme. Sie entwickeln gemeinsam Strategien, um widrige Lebensbedingungen für sich günstiger zu gestalten. Weltweit werden immer mehr dieser Strategien entschlüsselt. Ein Beispiel sind die Feenkreise in der Namib-Wüste. Die dort wachsenden Gräser begegnen der extremen Wasserknappheit, indem sie gemeinsame unterirdische Wasserspeicher bilden, die kreisförmig angeordnet sind und über denen nichts wächst. Durch die fehlende Vegetation wird die Verdunstung innerhalb der Kreise minimiert. Die Gräser schaffen sich so ihre eigenen Umweltbedingungen, unter denen sie längere Zeit ohne Regen auskommen können.

Auch unser Wald schützt sich vor Temperaturextremen, indem er sich ein Waldinnenklima schafft. Jeder, der an einem heißen Sommertag einen Wald betritt, kennt dieses Phänomen: Von der Hitze ist im angenehm temperierten Waldinneren nichts zu spüren. Der Schatten der Baumkronen hält den Wurzelbereich kühl und reduziert die Verdunstung. Pierre Ibisch von der Forsthochschule Eberswalde hat diesen Kühlungseffekt in den vergangenen heißen Jahren gemessen[29]. Alle Wälder senken in ihrem Innern die Temperatur. Der Effekt ist umso größer, je älter der Wald ist. Und er hängt deutlich davon ab, wie der Wald aufgebaut ist. Kiefernplantagen senken die Außentemperatur nur halb so stark wie Laubwälder. Am besten schneiden alte Laubwälder mit hohem Holzvorrat ab. Sie können die Temperatur um bis zu 16 Grad senken. Bei 40 Grad außerhalb des Waldes sind das angenehme 24 Grad, eine Wohlfühltemperatur für Pflanzen, Tiere und Menschen.

Eine weitere, für das Leben auf der Erde ganz entscheidende Wirkung natürlicher Ökosysteme haben der Mathematiker Victor Gorschkow und die Ökologin Anastassia Makarieva von der Universität St. Petersburg entdeckt.[30] Sie wiesen nach, dass natürliche, vom Menschen ungestörte Ökosysteme ihre Umwelt selbst schaffen und kontrollieren. Gesunde Ökosysteme befinden sich in einem für die gesamte Lebensgemeinschaft optimalen Zustand und sind in der Lage, Abweichungen davon auszugleichen. An der Aufrechterhaltung des bestmöglichen

29 Jeanette S Blumroeder / Felix May / Werner Härdtle / Pierre L. Ibisch (2021): *Forestry contributed to warming of forest ecosystems in northern Germany during the extreme summers of 2018 and 2019.* Ecological Solutions and Evidence

30 V. Gorschkow / V. G. Gorschkow / V. I. Danilow-Daniljan, K. S. Losew / A. M. Makareva: *Biotic Control of the Environment*, Russian Journal of Ecology, Vol. 30, No. 2, 1999, pp. 87–9 (translated from Ekologiya, No. 2, 1999, pp. 105–115)

Zustands sind alle Arten der natürlichen Lebensgemeinschaft beteiligt, indem sie die dafür notwendigen Informationen untereinander austauschen. Die beiden Forscher berechneten die Informationsmengen, die von den Partnern der Ökosysteme verarbeitet werden, und kamen zu dem Ergebnis, dass diese die Informationsflüsse, die wir mit moderner Datenverarbeitung verarbeiten können, um ein Vielfaches übersteigen.

Gorschkow und Makarieva nannten diesen biotischen Mechanismus zur Umweltstabilisierung „biotische Regulation".

In ungestörten Naturwäldern gehört dazu auch die Regulierung des Wasserhaushalts. Ein Team um Antonio D. Nombre vom Institut für Weltraumforschung (INPE) in Sao Jose dos Campos, Brasilien, der als einer der wichtigsten Amazonas-Spezialisten gilt, konnte zeigen, dass der Amazonas-Regenwald durch Verdunstung einen Sog erzeugt, der an der Amazonasmündung Feuchtigkeit aus dem Atlantik zieht und sie wie eine Pumpe über das gesamte Regenwaldgebiet bis zu den Anden verteilt. Nombre nennt diese biologische Pumpe „fliegende Flüsse". Ohne dieses vom Urwald erzeugte Regensystem wären weite Teile Südamerikas unfruchtbar, wie man am Beispiel Afrikas sehen kann: Die Sahara, die größte Wüste der Welt, liegt auf denselben Breitengraden wie der Amazonas.

Nombre hat auch die anderen großen Waldsysteme der Erde untersucht, unter anderem den für uns so wichtigen borealen Waldgürtel, der sich über Asien und Europa erstreckt, das flächenmäßig größte Waldgebiet der Erde. Auch hier gibt es eine solche Pumpe. Im Winterhalbjahr legt sie eine Pause ein, ist aber die übrige Zeit genauso wirksam.

Überall dort, wo große natürliche Waldgebiete und deren Pumpeneffekt fehlen, entstehen Savannen oder Wüsten. Beispiele hierfür sind Südwestafrika mit der Namib-Wüste oder das Landesinnere Australiens. Nombre glaubt, dass wir die günstigen Lebensbedingungen auf der Erde nur der stabilisierenden Wirkung ungestörter natürlicher Lebensgemeinschaften verdanken, darunter vor allem den großen Wäldern. Ohne sie würden sich Umwelt und Klima rasch in einer Weise verändern, die die menschliche Existenz unmöglich machen würde: Der Mensch vernichtet mit seiner Umgestaltung der Landschaft, durch Bauen, Versiegeln, oder großflächige Landwirtschaft die Anpassungsfähigkeit ökologischer Gemeinschaften auf lokaler Ebene vollständig und schwächt damit auf globaler Ebene die Kraft der biotischen Regulation. Durch den Menschen gestörte oder künstlich geschaffene biologische Systeme werden nicht nur ihrer Regulationsfähigkeit beraubt, sondern wirken selbst als starke Destabilisatoren der Umwelt.

Wenn durch die großflächige Zerstörung von Wäldern die Regensysteme der Welt aus dem Lot geraten, betrifft das die gesamte Menschheit. „Wem gehört der Amazonas?“, fragte deswegen der französische Präsident Macron auf dem Weltklimagipfel in Paris 2015. Im Grunde bezieht sich diese Frage auf alle Wälder. Ja, Wälder sind ganz entscheidende Regenmacher. Wir müssen versuchen, auch bei uns in Mitteleuropa Bedingungen zu schaffen, unter denen die biotische Pumpe wieder in Gang kommt, die der Physik der Hoch- und Tiefdruckgebiete etwas entgegensetzen und sommerliche Dürreperioden mildern würde. Dazu müsste die Waldfläche europaweit auf 40 Prozent erhöht werden – am besten durch Anlage ungezähmter Wälder: in Würde alternd, reich an Holzvorrat und stabil. China macht es derzeit vor und betreibt Aufforstung im großen Stil. Jedes Jahr werden dort 8.000 Hektar Wald neu angelegt.

Unsere Wirtschaftswälder sind durch den Klimawandel und die vergangenen Trockenjahre zu Patienten geworden. Vor allem Wälder mit Baumarten, die von Natur aus hier nicht wachsen würden, sind gefährdet. Reine Fichten- oder Kiefernwälder fallen zunehmend Bränden oder dem Insektenbefall zum Opfer.

Naturnahe Wälder hingegen haben die Fähigkeit, ihre Lebens- und Umweltbedingungen zu optimieren. Davon profitieren auch wir Menschen.

Wir müssen unseren Wirtschaftswäldern die Fähigkeit zur Selbstregulation zurückgeben. Im ungezähmten Wald tritt die biotische Selbstregulation an die Stelle der menschlichen Überformung.

Wenn sich ein solches Waldmanagement in Europa durchsetzt, kann der Wald mit einer „biologischen Wasserpumpe" zum Regenmacher werden und die Auswirkungen des Klimawandels bei uns deutlich abmildern.

Intelligenz und Kommunikation im Wald

„Mit denen würde ich mich gerne mal unterhalten. Vielleicht schaffen wir das ja mal.“ Diesem Traum eines Schwarzwälder Försterkollegen beim Anblick der uralten Tannen im Freudenstädter Wald schließe ich mich allzu gern an. Bäume können Tausende von Jahren alt werden. Alte Bäume sind wahre Majestäten und Symbole für Lebenskraft und Beständigkeit. Zu allen Zeiten waren die Menschen von ihnen fasziniert, haben sie verehrt und besungen. Warum also nicht mit ihnen ins Gespräch kommen?

Das wird nicht einfach, denn jedes Lebewesen kann nur einen kleinen Teil der unendlich vielen Eindrücke, die uns die Welt bietet, aufnehmen und verarbeiten. Riechen, schmecken, sehen, fühlen und hören sind die Sinne, mit denen wir Menschen die Welt erfahren. Wir sind ausgesprochene Augentiere. Die anderen Sinneseindrücke verwerten wir wesentlich schlechter als andere Mitgeschöpfe. Hunde hingegen riechen die Welt. Die Welt des Riechens ist zeitlich und räumlich viel weniger klar abgegrenzt als die Welt des Sehens. Gerüche wabern ineinander, verdünnen sich mit der Zeit und verstärken sich, je näher man ihrer Quelle kommt. Gegenwart, Vergangenheit und Zukunft gehen für den Hund als Nasentier ineinander über. Das Augentier Mensch erfasst durch Kopfdrehung und bewegliche Augäpfel die Umgebung sehr schnell. Vergangenheit, Gegenwart und Zukunft sind scharf getrennt. Beim Geruchssinn dauert das Erfassen deutlich länger: Hunde müssen hin und her laufen und sich die Welt aus Gerüchen zusammensetzen. Durch den unterschiedlichen Einsatz ihrer Sinnesorgane leben Hund und Mensch also in einer sehr unterschiedlichen Wahrnehmungswelt. Selbst wenn sie sich im selben Raum aufhalten, hat jeder ein anderes, eigenes Bild von der Welt, in der beide leben. Die Fähigkeiten der Sinnesorgane, Eindrücke aus der Welt aufzunehmen, haben sich im Laufe der Evolution zweckdienlich entwickelt und ermöglichen einer Art alles, was sie zum Leben braucht. Dazu gehören zielgerichtete Aktionen zur Nahrungsaufnahme ebenso wie die Abwehr schädlicher Einflüsse von außen oder die Weitergabe des Lebens an die nächste Generation. Wie jeder Hundebesitzer weiß, bedeutet das nicht, dass Mensch und Hund aufgrund ihrer unterschiedlichen Wahrnehmungswelten nicht miteinander kommunizieren könnten. Im Gegenteil, sie verstehen sich sogar sehr gut und sind in der Lage, zusammenzuarbeiten und sich gegenseitig zu ergänzen.

Eine Fliege oder ein Oktopus leben im Vergleich dazu in einer völlig fremden Wahrnehmungswelt. Aber auch diese „Aliens“ gehören wie wir zur Tierwelt. Wir bringen unseren „Mitgeschöpfen“, den Tieren, in der Regel mehr Empathie entgegen als den Pflanzen. Unsere Einstellung zu Tieren hat sich in den letzten vierzig Jahren aufgrund wissenschaftlicher Erkenntnisse stark verändert. Galt in den 1960er-Jahren noch die Vorstellung, Tiere seien instinktgesteuerte, quasi willenlose Automaten, so wissen wir heute, wie intelligent sie miteinander und mit ihrer Umwelt interagieren. Der Tintenfisch, der eine ganz andere Hirn- und Nervenstruktur hat als wir, ist erstaunlich intelligent, ebenso viele Vogelarten. Das „dumme Huhn“ kann täuschen und bis vier zählen, und die Krähe trickst ihre Artgenossen aus.

Pflanzen wiederum, und insbesondere Bäume, unterscheiden sich derart von der Tierwelt, dass wir uns bis vor Kurzem keine Gedanken darüber gemacht haben, ob nicht auch sie etwas wahrnehmen und in welcher Wahrnehmungswelt sie möglicherweise leben. Pflanzen wurden keine Sinneseindrücke zugeschrieben. Als der Pflanzenphysiologe Walter Eschrich von der Universität Göttingen 1975 im Baum so etwas wie ein Gehirn finden wollte und einen Stamm von der Wurzel bis zur Blattspitze in Mikroschnitten durchleuchtete, war das für uns Studenten eher amüsant als interessant. Das hat sich in den letzten Jahren deutlich geändert.

Pflanzen verbringen ihr ganzes Leben an einem Ort, und das erfordert eine besondere Nachbarschaftspflege. Wenn man nicht weglaufen kann, braucht man eigene Techniken, um Fressfeinde abzuwehren. Wenn man den Ort nicht selber verlassen kann, muss man mit Tieren kooperieren und sie zu Boten für Besorgungen machen.

Vieles deutet darauf hin, dass Bäume sehr wohl mit ihrer Umwelt kommunizieren. Wie aber machen sie das? Besitzen sie doch so etwas wie Sinne zur aktiven Wahrnehmung ihrer Umwelt? Dieser Frage sind in den letzten Jahren unter dem Stichwort „Pflanzenintelligenz“ zahlreiche Forscher nachgegangen.

Optische Reize – können Pflanzen sehen?

Sonnenblumen neigen ihre Köpfe der Sonne zu: Alle ihre Blüten schauen morgens in eine andere Richtung als abends. Ähnliches ist im Frühjahr bei Krokussen und Winterlingen zu beobachten. Bei Sonnenschein öffnen sich die Blütenkelche und strecken sich der Sonne entgegen. Ist der Himmel bedeckt, bleiben die Blüten geschlossen. Bisher wurde dieses Phänomen als Reaktion auf den Reiz des Sonnenlichts, nicht aber als aktives Sehen gewertet.

Es gibt eine tropische Würgefeige, die einen Baum als Klettergerüst nutzt und am Stamm emporwächst. Diese Feigenart passt ihre Blätter dem Kletterbaum an: Hat der Wirtsbaum gefiederte Blätter, ahmt die Würgefeige dies nach und bildet ähnlich geformte Blätter aus. Hat der Kletterbaum große herzförmige Blätter, imitiert die Würgefeige diese Form. Die Frage ist, wie die Feige die Blattform erkennt und ob diese Anpassung eine Entscheidung ist, die auf optischer Erkennung der Blätter der Wirtspflanze beruht. Eine Antwort versprach man sich von folgendem Experiment: Man bot mehreren Würgefeigen künstliche Kletterbäume mit rhombischen und quadratischen Blättern an, Blattformen, die in der Natur nicht vorkommen. Tatsächlich ahmten die Feigen die künstlichen Blattformen der angebotenen Kletterbäume exakt nach und bildeten in dem einen Fall rhombische, im anderen Fall quadratische Blätter. Anscheinend sind die Würgefeigen in der Lage, die Blattform des Kletterbaums optisch zu erkennen und diese Erkenntnis bei der Anpassung ihrer eigenen Blattform umzusetzen[31]. In unserer menschlichen Welt nennt man dieses Verhalten „Sehen".

---

31 White, J. / Yamashita, F.: *Boquila trifolialata mimies leaves of an artifical plastic host plant.* Plant Signal & Behavior 2022

Akustische Reize – können Pflanzen hören?

Viele Hausbesitzer haben schon unangenehme Überraschungen mit den Wurzeln ihres Hausbaums erlebt: Die Abwasserleitung ist verstopft und als Ursache stellt sich heraus, dass der Baum mit seinen Wurzeln ins Abwasserrohr hineingewachsen ist. Woher aber weiß der Baum, dass dort Wasser ist? Ist es Zufall oder kann der Baum bewusst nach Wasser suchen? Dieser Frage wurde im folgenden Experiment nachgegangen: Mit einem speziellen Mikrofon wurden die Geräusche aufgenommen, die eine Wasserquelle im Boden verursacht. Diese Geräusche wurden dann jungen Eichen mittels eingegrabenen Lautsprechern aus unterschiedlichen Richtungen vorgespielt, senkrecht von unten, seitlich von rechts und von links. Die Wurzeln registrierten jeweils Art und Ort der Schallquelle „Wasser“ und wuchsen gezielt darauf zu. Offensichtlich können Eichen akustische Reize aufnehmen und in aktives Handeln umsetzen. In unserer Welt nennen wir dieses Verhalten „Hören“.

Chemische Reize – können Pflanzen riechen?

An heißen Sommertagen verströmen vor allem Nadelbäume für uns angenehme ätherische Düfte. Es ist, als würden sie sich in eine Duftwolke hüllen. Verdampfen diese Öle nur wegen der Sommerhitze? Können die Pflanzen in der Nachbarschaft etwas mit dieser Duftwolke anfangen? Werden mit den Duftwolken Informationen übermittelt und „sprechen“ die Pflanzen auf diese Weise gar miteinander?

Verstreut in den weiten Dornbuschsavannen des südlichen Afrikas finden sich Kameldornbäume, etwa so groß wie Apfelbäume. Kameldornblätter sind die Lieblingsspeise der Giraffen. Jede Giraffe kann etwa 40 Kilo Blätter pro Tag fressen. Ein einzelner Kameldornbaum würde sehr schnell kahlgefressen und damit erheblich geschädigt werden. Um sich und letztlich auch die Giraffen zu schützen, haben die Kameldornbäume folgende Strategie entwickelt: Sobald eine Giraffe an den Blättern frisst, fängt der Kameldorn an, Bitterstoffe in die Blätter einzulagern. Nach einiger Zeit schmecken die Blätter der Giraffe nicht mehr, und sie zieht weiter zum nächsten Kameldornbaum – und zwar gegen die Windrichtung. Denn befressene Kameldornbäume geben außerdem Duftstoffe ab, die vom Wind verbreitet und dann von Artgenossen aufgenommen werden. Diese reagieren, indem sie ihrerseits Bitterstoffe einlagern und so den Fraß ihrer Blätter verhindern. Pflanzen können also chemische Reize empfangen und diese Signale interpretieren. Wir nennen dieses Verhalten „riechen“. Zugleich ist dies ein Beispiel für den Austausch von Informationen untereinander. Pflanzen können über chemische Stoffe miteinander kommunizieren, also „sprechen“.

Die Unbeweglichkeit der Bäume zwingt sie, andere Netzwerke zu bilden, als wir sie aus unserer bewegten Welt kennen. So ist zum Beispiel ein gemeinsames Wurzelsystem, eine Wurzelgemeinschaft, für das Überleben günstiger, als wenn jeder nur auf seine eigene Wurzel angewiesen wäre. Das bereits beschriebe Netzwerk, das zwischen Bodenpilzen und Bäumen besteht und eine enge Zusammenarbeit ermöglicht, ist dafür ein Beispiel. Die Pilze umwachsen die Wurzelspitzen der Bäume, Pilzfäden und Feinwurzeln verbinden sich miteinander. Durch die so geschaffenen gemeinsamen Leitungen erhält der Pilz vom Baum Zucker und andere Nährstoffe und gibt an ihm im Gegenzug Wasser und Nährsalze ab. Da sich ein Pilzmyzel wie bereits beschrieben über eine große Fläche erstreckt, verbindet es sich mit mehreren Bäumen und die Bäume wiederum mit mehreren Pilzen. So entsteht ein dichtes Netzwerk, das sich durch den gesamten Waldboden erstreckt. Das Interessante an diesem Netzwerk ist, dass es wie unser World Wide Web funktioniert und somit dem Austausch von Informationen dient, beispielsweise über drohenden Insektenbefall oder Waldbrände. So können die Mitglieder des Informationsnetzwerks gemeinsam Gegenmaßnahmen ergreifen. Neben Gerüchen und Gasen ist das Mykorrhiza-Netzwerk damit die zweite „Kommunikationsplattform", über die sich Nachrichten im Wald verbreiten.

Es ist erstaunlich, wie vielfältig Pflanzen auf ihre Umwelt einwirken können. Einige Wissenschaftler haben dafür den Begriff „Pflanzenintelligenz" geprägt, was zu heftigen Diskussionen geführt hat. Haben Pflanzen einen IQ, kennen sie so etwas wie Gedächtnis und Erfahrung? Verfügen sie über eine Art elektrische Leitfähigkeit, und empfinden so etwas wie Schmerz? Die bisherigen Forschungsergebnisse legen den Schluss nahe, dass sich Pflanzen und Tiere ähnlicher sind als bisher angenommen. Fest steht, dass Pflanzen mitnichten passiv erduldende Geschöpfe sind, sondern Strategien besitzen, die sie gezielt einsetzen, um ihre Existenz zu sichern und Nachkommen zu zeugen. Pflanzen sind in der Lage, Schädlinge abzuwehren, indem sie mit Duftstoffen etwa Raubwanzen und Schlupfwespen anlocken, die sich von den Fressfeinden ernähren. Dabei können sie das Ausbringen der Lockdüfte zeitlich so steuern, dass die Abwehr zum bestmöglichen Zeitpunkt eintrifft. Vom Borkenkäfer befallene Fichten beispielsweise senden erst vierzehn Tage nach dem ersten Käferbefall einen Lockstoffduft an die Schlupfwespen aus, weil die Borkenkäferlarven erst dann das optimale Entwicklungsstadium für die Eiablage der Schlupfwespen erreicht haben. Die Schlupfwespen legen ihre Eier in die Borkenkäferlarven, die dann von den jungen Wespen gefressen werden.

Der Wilde Tabak zeigt, wie Forschungen am Max-Planck-Institut für Molekulare Pflanzenphysiologie in Jena ergeben haben, ein strategisches Verhalten, das ganz im Gegensatz zu unserem bisherigen Pflanzenbild steht. Er lebt mit einer Mottenart zusammen, die von ihm frisst und als „Gegenleistung" seine Blüten bestäubt. Wenn aber die Motten zu viel fressen und seine Existenz gefährden, reagiert der Tabak mit Nahrungsentzug und medikamentöser Beeinträchtigung dieses Fressfeindes, indem er die Blätter für die Raupe ungenießbar macht und dort Stoffe einlagert, die die Entwicklung der Mottenraupe behindern. Als letzte Maßnahme kündigt er der Motte den Vertrag des Hauptbestäubers und wechselt zu anderen Bestäubungspartnern. All dies weist ihn als aktiven Spieler im Umgang mit Fressfeinden und Bestäubern aus und wirkt erstaunlich intelligent.[32]

Auch wenn es derzeit merkwürdig anmuten mag, sollten wir die Interaktionen in der Waldlebensgemeinschaft ernst nehmen und bei der Bewirtschaftung und anderen menschgemachten Störungen Rücksicht darauf nehmen. An vielen ernstzunehmenden Instituten wie am Max-Planck-Institut in Jena oder an der Universität Rom arbeiten Wissenschaftler daran, den Informationsaustausch unter den Pflanzen und ihre Intelligenz zu entschlüsseln. Eine eingriffsarme Waldbewirtschaftung, wie sie im ungezähmten Wald praktiziert wird, ist sicherlich am besten geeignet, die Interaktionen in der Waldlebensgemeinschaft zu erhalten.

Die Erforschung der Fähigkeiten und des Verhaltens von Pflanzen steht erst am Anfang und wird uns noch manch überraschende Erkenntnis über unsere Bäume und die Lebensgemeinschaft Wald bescheren. Bisher haben wir bei der Behandlung und Bewirtschaftung des Waldes nicht an einen „artgerechten Wald“ gedacht. Wir haben die Kommunikation zwischen den Pflanzen als stabilisierendes Element aus Unkenntnis vernachlässigt. Heute weiß man immerhin, dass der Informationsaustausch in der Lebensgemeinschaft

32 Backmann, P. et al.: *Delayed Chemical Defense: Timely Expulsion of Herbivores can reduce Competition with Neighboring Plants*, The Amerian Naturalist, 2019, 193(1): 125-139
Max-Plank-Institut Jena: *Pflanzliche Abwehrstrategien*, Video 1-3

Wald ein gutes Zusammenspiel fördert und den Wald widerstandsfähiger gegen Stress und Klimawandel macht.

Ein wichtiges Ziel des ungezähmten Waldes ist es daher, das Netzwerk im Waldboden möglichst wenig zu stören, indem man zum Beispiel eine Verdichtung des Waldbodens vermeidet und dadurch den Informationsaustausch der Bäume untereinander gewährleistet.

In alten, reifen Wäldern ist das Mykorrhizasystem stärker entwickelt als in jungen. In der Mykorrhizza, der Symbiose von Bäumen mit Pilzen, vermutet man ein wichtiges Kommunikationsnetzwerk der Bäume. Je älter ein Wald wird (je mehr er sich seinem natürlichen Zustand annähert), desto intensiver wird dadurch der Informationsaustausch. Ein Wald sollte also alt werden dürfen, um einen optimalen Informationsaustausch zwischen den Bäumen entwickeln zu können.

„Artgerechter Umgang" mit Waldbäumen bedeutet, dass sie ihre Nachbarschaft selbst gestalten können und mit Partnern zusammenarbeiten, die ihre „Kommunikation" verstehen. Die besten Baumnachbarn sind Arten, die ohne menschliches Zutun von allein dort wachsen. Bisher ging man davon aus, dass dies die Baumarten der natürlichen Waldgesellschaft sind. Mit dem derzeitigen raschen Klimawandel wird sich die Zusammensetzung der Wälder ändern und es werden sich neue, angepasste Waldgesellschaften bilden.

Wie lebt es sich im ungezähmten Wald?

Nicht schlecht, Herr Mittelspecht – die Meinung der Vögel zum ungezähmten Wald

Was wäre die Welt ohne den Gesang der Vögel! Er gehört zu den schönsten und prägendsten Natureindrücken und ist nahezu allgegenwärtig, auch wenn das vielen gar nicht richtig bewusst sein dürfte. Ob Kinderlieder, ob Beethovens „Pastorale“ oder „Morning has broken“ von Cat Stevens – zu allen Zeiten und in allen Genres haben sich Musiker von Vögeln inspirieren lassen. Vögel liegen uns Menschen ganz besonders am Herzen. Wir füttern sie, bringen Nistkästen in Gärten und Parks an, stellen Tränken für sie auf, und früher hielten wir sie in Käfigen und schmückten uns mit ihren Federn.

Vögel können weite Strecken überwinden und neue Lebensräume sehr schnell erschließen. Ein besonders eindrucksvolles Beispiel hierfür ist die rasante Ausbreitung der Türkentaube seit dem Zweiten Weltkrieg. Sie folgte den Verkehrs- und Handelswegen vom Balkan bis in unsere Breiten und fand neue Lebensräume in unseren Städten, wo es ganzjährig Nahrung und kaum natürliche Konkurrenten gab. Aber genauso schnell, wie sich die Türkentaube ausbreitete, genauso schnell geht ihre Population unter den momentanen– für sie schwierigeren – Bedingungen zurück.

Diese Fähigkeit der Vögel, neue Lebensräume gewissermaßen im Flug zu erobern, ist einer der Gründe für die Artenvielfalt in unseren Kulturlandschaften. Als der Mensch vor 800 Jahren begann, die Landschaft Mitteleuropas zu verändern und umzuwandeln, wanderten nach gängiger Meinung Vogelarten aus waldfreien Ökosystemen wie Steppen, Felslandschaften und Tundren in die neuen, von Menschenhand geschaffenen Lebensräume ein und wurden hier heimisch. Man spricht von „Kulturfolgern", die auf Wiesen, Äckern, Weiden, Streuobstwiesen, in Hecken, Steinbrüchen, Teichen und Siedlungslandschaften vielfältige ökologische Nischen vorfanden. Sie stellen eine Bereicherung unserer Fauna dar, die wir gern schützen möchten.

Der Einfluss des Menschen auf die Umwelt ist heute größer denn je, doch leider nicht im positiven Sinne. Die Artenvielfalt ist stark rückläufig, nicht zuletzt infolge der Industrialisierung der Landwirtschaft, die vor etwa siebzig Jahren begann. Kleinbetriebe sind heute nahezu verschwunden, immer weniger Landwirte bewirtschaften immer größere Flächen. Es entstehen große „Schläge", eintönige Ackerwüsten ohne Bäume und Sträucher, die nach der Ernte weder Deckung noch Nahrung bieten. Dazu kommt der Einsatz von Insektiziden und Pestiziden. Alle reden vom Insektensterben, doch dessen

Ausmaß lernen wir gerade erst zu ermessen und zu verstehen. Es ist fatal für die Bäume und Pflanzen der Obst- und Gemüsebauern, die Insekten als Bestäuber brauchen, aber auch für Singvögel, die auf Insekten als Nahrungsgrundlage für die Aufzucht ihrer Jungen angewiesen sind. Vogelarten unserer Kindheit wie Feldlerche, Kiebitz oder Rebhuhn stehen heute auf der Roten Liste. Gerade für Feld- und Wiesenbrüter wird der Lebensraum infolge menschlicher Eingriffe immer knapper.

1962 machte erstmals die amerikanische Meeresbiologin Rachel Carson (1907–1964) auf den verheerenden Einfluss der Agrochemie auf die Vogelwelt aufmerksam. Ihr berühmtes Buch *Silent Spring* (*Der stumme Frühling*) wurde zum Weckruf und führte in der Folge unter anderem zum Verbot von DDT. Die Landwirtschaft als Garant einer artenreichen Kulturlandschaft scheint jedoch tatsächlich ausgedient zu haben. Artenvielfalt findet man heute eher in den Städten als auf dem Land.

Im Wald, so die verbreitete Annahme, ist die Welt für die Vögel noch in Ordnung. Im Vergleich zu den Agrarlandschaften mag das stimmen. Das entbindet die Forstwirtschaft aber nicht von der Verpflichtung, ihr Augenmerk auch auf dieses Thema zu richten.

Zunehmend tauchen auch Waldvögel wie Mittelspecht und Hohltaube auf der Roten Liste der gefährdeten Arten auf und erhalten in der EU den Schutzstatus als „FFH-Art“[33], Anlass genug, auch die Situation in den Wäldern kritisch zu beleuchten. Dann zeigt sich: Vögel, die wie die beiden genannten Arten auf alte, starke Laubbäume angewiesen sind, haben es in unseren Wirtschaftswäldern schwer. Das Verschwinden von Mittelspecht und Hohltaube verweist auf den Zustand des Waldes.

33 Die EU gründete mit „Natura 2000“ ein europäisches Netzwerk von Naturschutzflächen und stellte eine Liste von Tier- und Pflanzenarten auf, die besonders zu schützen sind: die FFH-Arten (abgeleitet von „Fauna-Flora-Habitatrichtlinie“).

Doch ähnlich wie die Vertreter der Landwirtschaft verteidigten auch die Forstleute die seit Jahrzehnten etablierte Praxis der Waldwirtschaft, und zwar ausgerechnet mit dem Argument, die Artenvielfalt schützen zu wollen. Diese sei in einem bewirtschafteten Wald höher als in einem naturnahen. Kahlschläge etwa und die durch sie entstehenden offenen Flächen seien Lebensraum für Baumpieper, Heidelerche, Ziegenmelker und Schwarzkehlchen. Ohne größere Freiflächen, so das Argument, würden diese Arten verschwinden. Fichtenmonokulturen wiederum seien ein Refugium für Goldammer und Fichtenkreuzschnabel, die in reinen Laubwäldern nicht vorkämen.

Aber diese „reinen Laubwälder" sind nicht mit dem zu verwechseln, was wir unter dem ungezähmten Wald verstehen. 1981 untersuchte Michael Corsmann ein 57 Hektar großes Gebiet im Göttinger Stadtwald, bevor dieser zum ungezähmten Wald werden durfte. Es handelte sich um einen homogenen, 120-jährigen Buchen-Edellaubholzbestand mit kleinflächigen Lücken. Corsman zählte 26 Vogelarten.[34] Die häufigste Art war die Kohlmeise, gefährdete Arten kamen nicht vor. Und was geschieht mit dem Lebensraum Wald, wenn er sich über einen längeren Zeitraum frei entwickeln kann? Was kann er den Vögeln dann bieten?

Einen Hinweis auf diese Frage gibt eine Untersuchung von 2008. Zwölf Jahre nach der Einführung unseres Alternativkonzepts erfasste Hermann Ellenberg die Vogelwelt im Lübecker Stadtwald erneut.[35] Er definierte zwei Referenzflächen „ohne forstliche Nutzung" (OFN) und eine Fläche „mit forstlicher Nutzung". Die eine Referenzfläche war zu diesem Zeitpunkt bereits seit zwölf Jahren nicht mehr bewirtschaftet worden (Hevenbruch = OFN 12), die andere sogar seit

34 Michael Corsmann: *Untersuchung zur Struktur, Siedlungsdichte und Verteilung einer Brutvogelbiozönose eines Buchenwaldes*, 1981

35 Hermann Ellenberg: Abschlussbericht zur DBU Studie *Nutzung ökologischer Potenziale von Buchenwäldern für eine multifunktionale Bewirtschaftung*, 2008, Seite 267-285, Flintbeck 2008

mindestens 50 Jahren (Schattiner Zuschlag = OFN 50). Auf den drei Untersuchungsflächen wählte er Buchenrein- und -mischbestände mit einer Mindestgröße von 10Hektar aus und unterteilte diese wiederum in zwei Altersklassen (70-jährige bzw. 120-jährige Bäume). So entstanden neun Untersuchungsflächen.

Vögel sind Opportunisten. Je nach ihren Bedürfnissen suchen sie Gebiete auf, die ihnen die besten Bedingungen in Bezug auf Nahrung, Nistgelegenheiten und Singwarten[36] bieten. Waldlaubsänger bevorzugen hoch gelegene Singwarten, brüten aber auf dem Waldboden. Von Sitzwarten aus jagen sie Insekten. All dies finden sie in alten Wäldern. Der Zaunkönig benötigt für sein kugelförmiges Nest Büsche und junge Bäume, wie sie in Naturverjüngungen vorkommen. Der Mittelspecht wiederum findet seine Nahrung in alten, absterbenden Bäumen mit rauer Rinde, meist in der Krone. Treten alle drei Vogelarten im selben Waldstück auf, ist dies ein Hinweis darauf, dass es sich um einen alten Laubwald mit Naturverjüngung handelt.

Die Vogelpopulation eines Waldes kann also Aufschluss darüber geben, um welche Art Wald es sich handelt. Nachstehend eine Werteskala, bei der Waldvogelarten als Indikatoren für Naturnähe dienen:

9 = reifer Wald:	Hohltaube, Kernbeißer, Mittelspecht, Zwergschnäpper
8 = naturnaher Laubwald:	Eichelhäher, Fitis, Gartengrasmücke, Kleinspecht, Waldlaubsänger, Weidenmeise
7 = strukturreicher Mischwald:	Blaumeise, Gartenbaumläufer, Grauschnäpper, Habicht, Kleiber, Mäusebussard, Mönchsgrasmücke, Schwarzspecht, Star, Sumpfmeise, Trauerschnäpper, Waldkauz

36 Singwarten werden erhöhte Plätze genannt, die die Männchen für ihren Reviergesang benötigen.

6 = Wald-Ubiquisten: (Arten, die in vielen unterschiedlichen Lebensräumen vorkommen)	Amsel, Buchfink, Buntspecht, Heckenbraunelle, Kohlmeise, Kolkrabe, Misteldrossel, Rabenkrähe, Ringeltaube, Rotkehlchen, Singdrossel, Zaunkönig, Zilpzalp
5 = Fragmentierung des Waldes:	Keine der in der vorliegenden Untersuchung erfassten Arten
4 = Störung durch starke Öffnung des Kronenraumes	Keine der in der vorliegenden Untersuchung erfassten Arten
3 = Störung durch Siedlungseinfluss	Keine der in der vorliegenden Untersuchung erfassten Arten
2 = Verfremdung durch Nadelforstelement	Sommergoldhähnchen, Tannenmeise
1 = Verfremdung durch Nadelforst	Waldbaumläufer, Wintergoldhähnchen

Ellenberg stellte fest, dass die Vogeldichte im Schattiner Zuschlag besonders hoch war, also in dem bereits eingangs erwähnten Waldstück, das zum Zeitpunkt der Untersuchungen seit mindestens 50 Jahren nicht forstlich genutzt worden war. Hier gab es pro Hektar fast dreimal so viele Vogelreviere wie auf den anderen Flächen. Auch unter dem Aspekt der Naturnähe sticht der Schattiner Zuschlag heraus: Hier kommen Waldvögel vor, die als Indikatoren für einen reifen, naturnahen Laubwald oder einen strukturreichen Mischwald gelten. In den Vergleichsflächen sind diese Arten selten oder fehlen ganz.

Warum ist das so? Im Schattiner Zuschlag gibt es zum einen wesentlich mehr Totholz (abgestorbene oder absterbende Bäume). Das ist für die Artenvielfalt besonders wichtig. Zum anderen gibt es einen großen Holzvorrat. Ist es der hohe Holzvorrat an sich, der die Dichte der typischen Waldvogelarten fördert, oder ist er lediglich ein Indikator dafür, dass hier deutlich weniger eingegriffen wird? Für die zweite Möglichkeit spricht, dass z. B. Zwergschnäpper und Mittelspecht auch

Prächtige Buchen und Eichen im Schattiner Zuschlag, einem ehemaligen Sperrgebiet der DDR bei Lübeck: 50 Jahre lang haben sie den Förster entbehrt – und diese Situation genutzt, sich frei und ungezähmt zu entwickeln. Das Ergebnis: ein Wald, wie sich ihn der Förster nur wünschen kann. © Knut Sturm

Naturverjüngung: Durch Lücken im Kronendach, etwa wenn ein alter Baum abstirbt und zusammenbricht, dringt Sonnenlicht auf den Waldboden und lässt die nächste Baumgeneration herankeimen – wie im Urwald. © Knut Sturm

Der Urwald von Kočevje in Slowenien, dicht und dunkel, Stämme wie Säulen – beste Sägewerksqualität. Der leuchtende Pilz am Stamm weist auf das Ende des Baumes hin.

Der entstehende Lichtschacht schafft optimale Startbedingungen für die nächste Waldgeneration.

Natürliche Vegetation im Lübecker Stadtwald: Erlenbruchwald … © Knut Sturm

… ein Wald mit Eichen und Hainbuchen. © Knut Sturm

***Melico-Fagetum*, natürlicher Kalkbuchenwald im Göttinger Stadtwald.** © Martin Levin

Landwirtschaft mit Bäumen: Altersklassenwald mit Fichte, wo natürlicherweise bodensaurer Buchenwald wachsen sollte. © Martin Levin

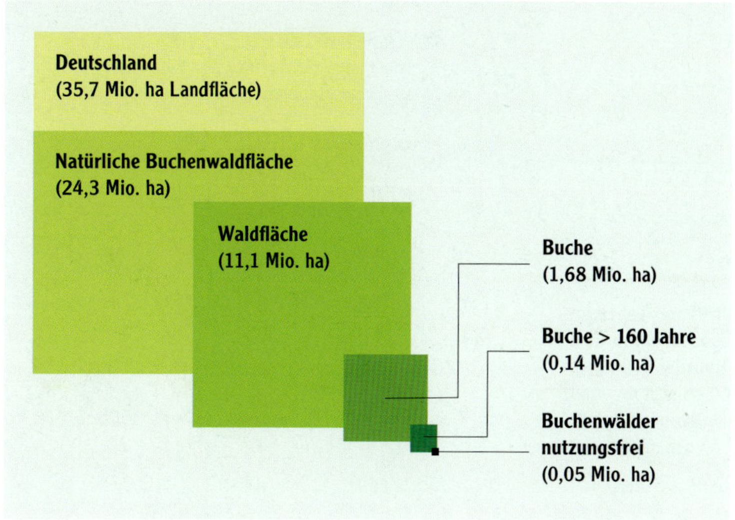

Vom „Amazonaswald Deutschlands", dem Buchenwald, ist nur nur noch ein Rest von 4,5 % der ursprünglichen Fläche vorhanden, und von diesem Rest stehen lediglich 0,2 % unter dauerhaftem Schutz. Quelle: nach SPERBER

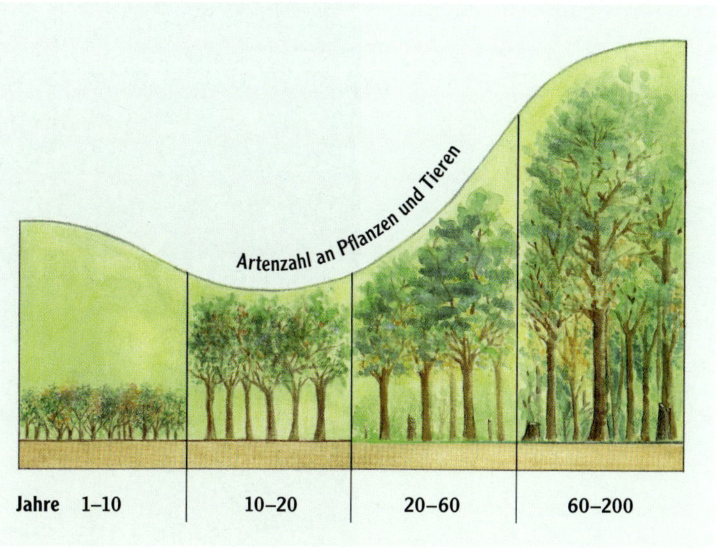

Die Artendichte im Ökosystem Wald ist in dessen reifem Alter am höchsten.

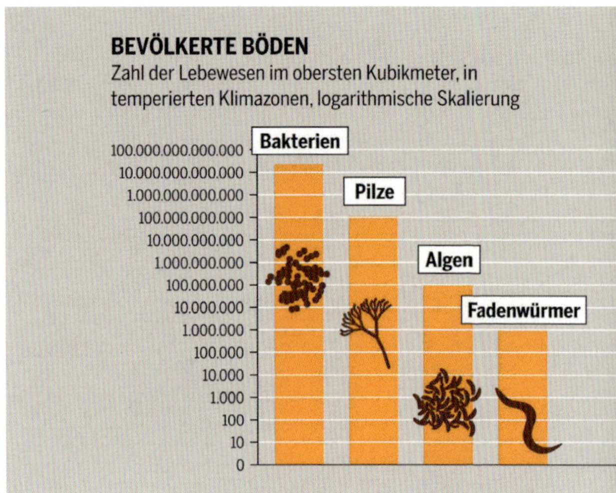

Unsichtbares Leben im Waldboden: neben dem Holz der wichtigste CO_2-Speicher – und darum dauerhaft schützenswert.

© Bodenatlas 2015 | Bartz/Stockmar

Spatenstich im Waldboden Göttingen: Unter der Laubschicht des Vorjahres ist die schwarze Humusschicht erkennbar, bereits nach 30 cm beginnt der verwitterte Kalkstein. Rendzina ist der Fachbegriff für diesen Bodentyp.

© Martin Levin

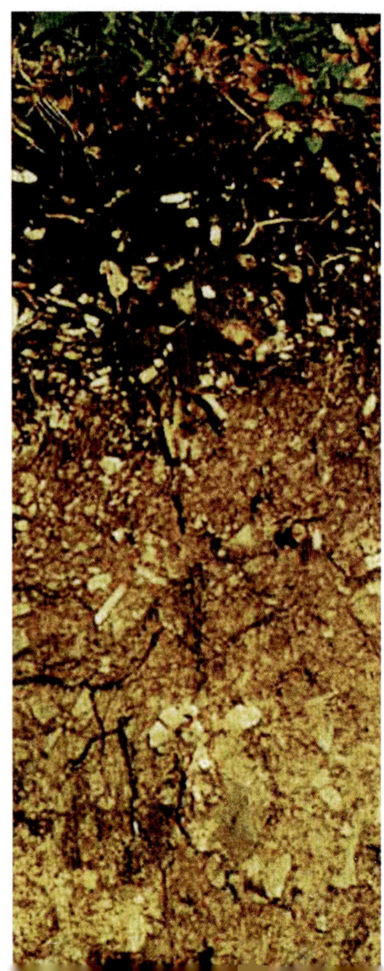

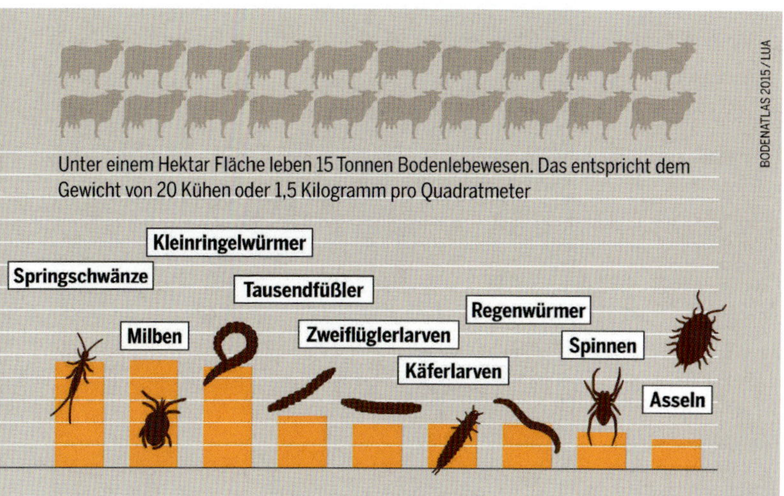

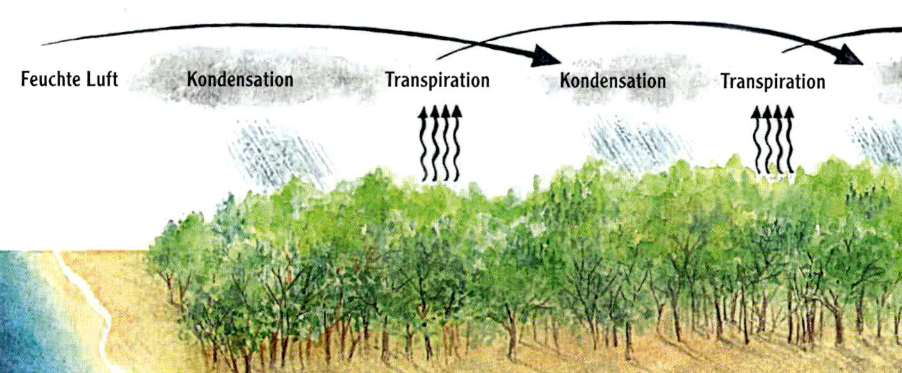

Wald als Regenmacher („biotische Pumpe"): Feuchte Luft regnet über dem Wald ab, ein Teil des Regens verdunstet, kondensiert erneut und wird mit dem Wind weitergetragen, regnet ab, transpiriert usf. In alten Wäldern mit dichtem Kronendach entstehen auf diese Weise „fliegende Flüsse". © Dorle Schausbreitner

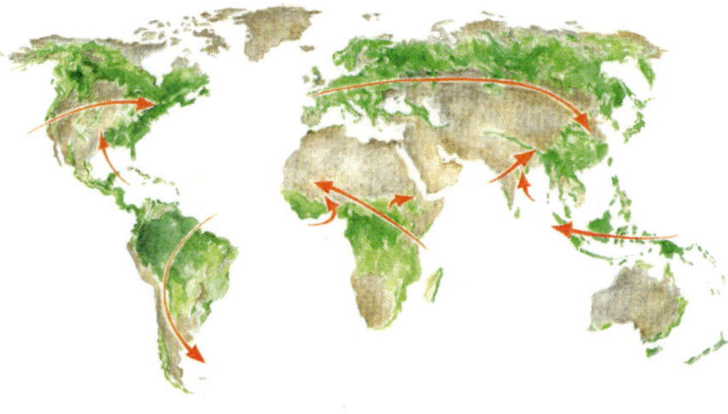

Die fliegenden Flüsse der Erde: Den größten Strom bildet der Waldgürtel auf der Nordhalbkugel, zu dem auch die deutschen Wälder gehören. Die vorherrschenden Winde nehmen den vom Wald transpirierten Wasserdampf auf und transportieren ihn in entfernte Regionen. China etwa erhält auf diese Weise 80 Prozent seines Regens.

© Dorle Schausbreitner

Der Waldlaubsänger bevorzugt hoch gelegene Singwarten, von denen er Jagd auf Insekten startet, er brütet aber auf dem Waldboden – Lebensbedingungen, wie sie alte Laubwälder bieten.

Der Mittelspecht ist auf dicke, alte Bäume und Totholz angewiesen – beides findet er etwa im Lübecker Stadtwald.

Der Balkenschröter oder Kleine Hirschkäfer braucht für seine Entwicklung starkes morsches Totholz, wie es im ungezähmten Wald zu finden ist. © Martin Levin

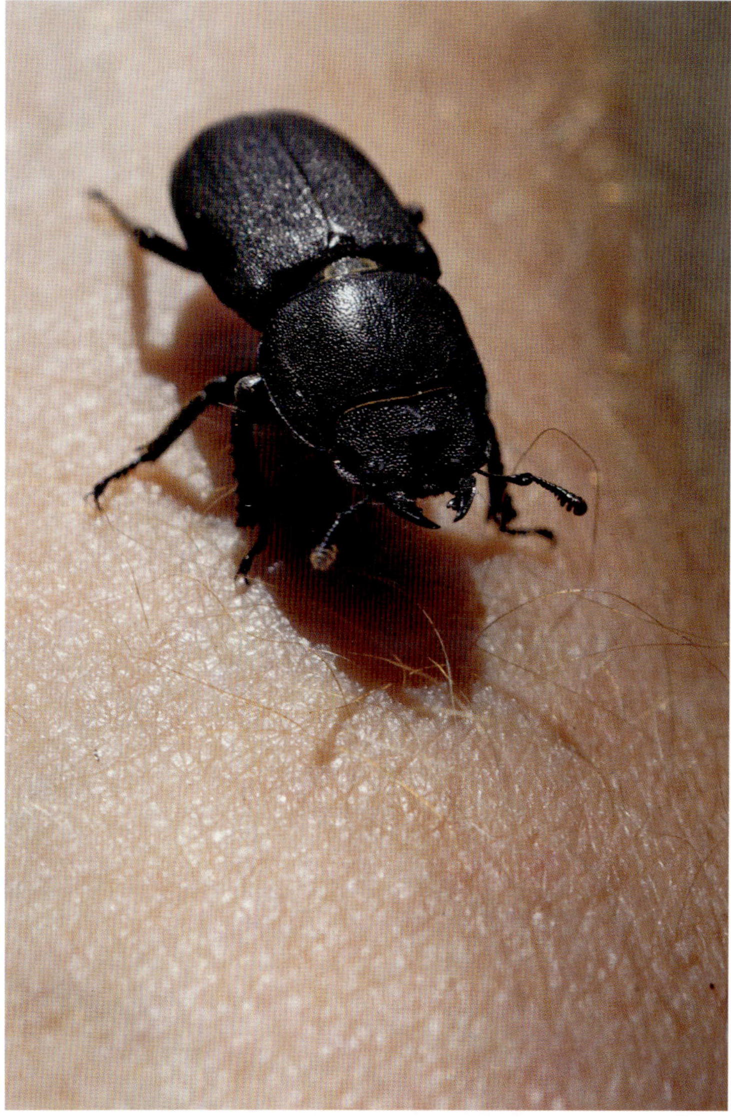

Schuppiger Stielporling an einem Baum: Der Pilz wird ihm sein Ende bescheren.

© Martin Levin

Igel-Stachelbart an Buchentotholz im Stadtwald Göttingen: Er liebt hohe Luftfeuchtigkeit, sein Vorkommen deutet auf ein intaktes Waldinnenklima hin – ein höchst seltener Pilz.

© Martin Levin

Semmelstoppelpilz: Dieser Mykorrhizapilz ist einer der Hauptpartnerpilze der Buche.

Grünblättriger Schwefelkopf: Dieser saphrophytische Pilz ernährt sich von dem Baumstubben, aus dem hier seine Fruchtstände herauswachsen.

Die Frühlingsanemone blüht als Frühlingsgeophyte vor dem Laubausbruch und ist im Mai schon wieder verschwunden.

© Martin Levin

Die Schlüsselblume – sie schließt den Frühling auf.

© Martin Levin

Bärlauch – der Duft des Frühlings im Göttinger Stadtwald.

© Ursula Buttgereit

Frauenschuh: Diese Orchideenart ist auf lichte Stellen im Kalkbuchenwald angewiesen.

© Martin Levin

Katharinenmoos: Moose filtern Nährstoffe aus der Luft und sorgen für höhere Luftfeuchtigkeit. Beides kommt der gesamten Lebensgemeinschaft im Wald zugute.

© Martin Levin

Blatternflechten: Sie wachsen am Buchenstamm und machen ihn hell.

© Martin Levin

Cladoniaflechte auf dem Waldboden: Flechten sind konkurrenzschwach, besetzen aber Nischen, mit denen andere nicht mehr zurechtkommen, und sorgen so für ein Maximum an Biodiversität.

© Martin Levin

Klimawandel und Störung: Je weniger der Mensch eingreift, desto stabiler ist der Wald. © Dorle Schausbreitner

„Lange Kerls" – im ungezähmten Wald wachsen die Baumstämme länger und gerade, die Kronen sind weniger ausladend. Die Folge ist deutlich mehr wertvolles Holz als im konventionellen Forst, wo die Kronen breiter sind, die Stämme dafür kürzer und sich außerdem nach oben verjüngen. © Dorle Schausbreitner

ungezähmt

durchforstet

Die über 800-jährigen Ivenacker Eichen sind über die Jahrhunderte mit Wetterextremen zurechtgekommen und haben eine Anpassungsfähigkeit bewiesen, die Hoffnung für unsere Wälder macht. © Harald Koss

in Flächen mit geringeren Holzvorräten vorkommen, wenn diese ebenfalls nicht gestört werden.

Der Mittelspecht ist heute in den Stadtwäldern von Lübeck und Göttingen besonders gut vertreten. Die Förster, die ein besonderes Auge auf ihn haben, stellen fest, dass er in Lübeck vor allem von den Eichen profitiert, die früher für den Schiffbau benötigt und über Jahrhunderte gepflegt wurden. Alte Eichen gibt es überall im Stadtwald. Manchmal stehen sie einzeln, manchmal in kleinen Gruppen. Sie sind der ideale Lebensraum für diese Art. Im Rahmen eines fünfjährigen Brutvogelmonitorings konnte eine deutliche Zunahme festgestellt werden. Waren es 1992, als die Umsetzung des Konzepts „ungezähmter Wald" begann, etwas mehr als 30 Reviere, so sind es heute über 250. Besonders hoch ist die Dichte an Standorten mit hohem Holzvorrat und einem zunehmenden Anteil alter, absterbender Eichen. Wurden absterbende Eichen früher im Rahmen der „sauberen" Forstwirtschaft entnommen, bleiben sie heute stehen. Neue Lebensräume für den Mittelspecht in den beiden Stadtwäldern, die hier besondere Beachtung finden, sind Bestände mit über 180 Jahre alten Buchen. Deren Anteil hat in den letzten Jahren deutlich zugenommen. Hier profitiert der Mittelspecht von der im Alter rauer werdenden Rinde der Buchen. Eine weitere Zunahme der Mittelspechtbestände ist in feuchten Erlen- und Eschenwäldern zu verzeichnen. Auch hier scheint der zunehmende Anteil alter und absterbender Bäume der treibende Faktor für die positive Entwicklung zu sein. Am Beispiel dieser Vogelart lässt sich somit die Bedeutung alter, starker und absterbender Bäume für das gesamte Ökosystem aufzeigen.

In einer Studie zum Grauspecht im Stadtwald Göttingen konnte Mareike Schneider 2017 zeigen, wie der Rückgang einer Art mit der Nutzung alter Bäume zusammenhängt.[37] Nur dort, wo es eine

37 Mareike Schneider: *Untersuchung der Lebensraumansprüche des Grauspechts Picus canus und seiner Verbreitungsgrenze in Niedersachsen*. Diss. Uni Göttingen 2018

Mindestzahl alter Eichen gibt, zeigt sich der Grauspecht. Dabei gab es eine Überraschung: Bisher war man davon ausgegangen, dass diese Vogelart zwingend Eichen zum Überleben braucht. Das ist insofern merkwürdig, als er vom Nahrungsangebot her ein „Buchenspecht“ ist. Der Grund ist einfach: Die Buche wird für ihn als Brutbaum erst interessant, wenn sie sehr alt ist und eine raue Rinde ausbildet. Buchen werden aber bereits im Alter von 160 Jahren geerntet. Und solche Exemplare, die bereits in jüngeren Jahren eine raue Rinde ausbilden, vom Förster „Steinbuchen“ genannt, werden bei Durchforstungen bevorzugt geerntet, da man ihnen negative Holzeigenschaften zuschreibt. Das Nachsehen haben der Grauspecht und, wie oben beschrieben, der Mittelspecht, die auf andere Baumarten mit rauer Rinde ausweichen müssen.

Das Brutvogelmonitoring im Lübecker Stadtwald konzentriert sich neben dem Mittelspecht auf elf weitere Vogelarten. Die Bestandsdynamik zeigt, dass vor allem störungsempfindliche Großvogelarten wie Kranich, Seeadler, Schwarzstorch und Rotmilan in den letzten dreißig Jahren zahlreicher geworden sind bzw. den Wald neu besiedelt haben. Vogelarten, die auf das kontinuierliche Vorhandensein alter, strukturreicher, naturnaher Wälder angewiesen sind (etwa Mittel- und Schwarzspecht, Hohltaube oder Zwergschnäpper), zeigen positive oder zumindest stabile Bestandstrends. Als typische „Störungszeiger“ (Besiedler vorübergehend waldfreier Lebensräume) wurden Sperbergrasmücke, Wendehals und Neuntöter in das Monitoring aufgenommen. Die Sperbergrasmücke zeigt einen kontinuierlichen Rückgang, nicht nur in den Stadtwäldern, sondern auch in Gebieten, die eigentlich für sie geeignet scheinen. Die Revierzahlen des Wendehalses zeigen extreme Schwankungen auf einem langfristig stabilen Niveau. Die dritte Art der Störungszeiger, der Neuntöter, gilt als Besiedler der extensiv genutzten Kulturlandschaft. Dazu gehören heckenreiche Wiesen und Weiden, Kalkmagerrasen sowie Sukzessionsflächen, wie sie im Göttinger Stadtwald auf dem Kerstlingeröder Feld und in Lübeck am Dummersdorfer Ufer zu finden sind. Das ursprüngliche Habitat des Neuntöters wurde bisher im Übergang von geschlossenen Wäldern zu Grassteppen oder ähnlichen offenen Lebensräumen vermutet. In Wäldern ist er gelegentlich in frühen Sukzessionsstadien, etwa nach Waldbränden oder Sturmschäden, anzutreffen. Inzwischen gibt es Hinweise, dass er entgegen der bisherigen Annahme durchaus als spezialisierter Waldvogel auf Lichtungen im Sukzessionsmosaik des Naturwaldes einzustufen ist. Es gibt Beobachtungen, dass er unter diesen Bedingungen schnell eine große Population aufbauen kann, vermutlich weil seine Feinde hier einen geringeren Jagderfolg haben. Der Bruterfolg ist auf solchen Flächen deutlich höher als auf jenen, die traditionell als Lebensraum des Neuntöters gelten. Bisher sind diese Bedingungen im klassischen Wirtschaftswald seltene Ausnahmesituationen und Schutzmaßnahmen für den Neuntöter konzentrieren sich auf Bereiche in der waldfreien Kulturlandschaft. Im ungezähmten Wald sind solche natürlichen Lichtungen keine Ausnahme, sondern Bestandteil des Sukzessionsmosaiks. Unter diesen Bedingungen kann der Neuntöter eine „Waldpopulation" aufbauen, wie die stabile Populationssituation in Lübeck zeigt. Ähnliche Phänomene werden für Zaunammer und Zilpzalp aus Süddeutschland beschrieben. Hier stabilisierten sich die Bestände nach Windwürfen in Wäldern, die dann von diesen Arten besiedelt wurden. Auch in Norddeutschland werden großflächige Brandflächen sehr schnell und in großer Zahl von Arten besiedelt, die normalerweise nicht im Wald zu finden sind. Nach den großen Waldbränden in der Lüneburger Heide in den 1970er-Jahren traten dort beispielsweise Brachpieper und Flussregenpfeifer auf. Auf den Brandflächen in Brandenburg waren es Steinschmätzer, Wiedehopf und Raubwürger, die bereits wenige Tage nach dem Brand die betroffenen Flächen besiedelten.

Neben den oben beschriebenen Arten, die als Störungszeiger im Wald auftreten können, gibt es auch Arten, die besonders alte, höhlenreiche

Wälder besiedeln und die als Kulturfolger des Siedlungsbaus gelten. Dazu gehören der Mauersegler und die Dohle. Kolonien beider Arten siedeln noch vereinzelt in sehr alten, höhlenreichen Laubholzbeständen und verdeutlichen so den großflächigen Verlust dieser Lebensräume in unserer heutigen Landschaft.

Die klassische Waldbewirtschaftung bietet den Waldvögeln nur einen Teil der Anforderungen, die für sie einen optimalen Lebensraum ausmachen. Alte Bäume, ausreichend Totholz, hohe Holzvorräte und natürliche Sukzessionsstadien mit alten oder zerfallenden Bäumen, aber auch Initialwälder mit Pioniergehölzen sind in der heutigen Waldbewirtschaftung nicht vorgesehen. Ein herkömmlicher Wirtschaftswald bietet daher vielen unserer Waldvögel keinen geeigneten Lebensraum.

Der ungezähmte Wald steht auch nach 25 Jahren noch am Anfang seiner Entwicklung. Bis sich über den ganzen Wald das „zufällige, multifunktionale Sukzessionsmosaik" ausgebreitet hat, wird es noch eine Weile dauern. Hat sich die Vielfalt der unterschiedlichen Lebensräume im Wald eingestellt, wird die Zukunft sicherlich noch manche Überraschung bei der Zuordnung von Vogelarten zu bestimmten Lebensräumen bereithalten.

Der summende Wald – Insekten, der unbekannte Teil der Biodiversität

Wenn im Juli die Vogelstimmen im Wald leiser werden, gibt es immer noch das „Sommerkonzert der Insekten“: Schwebfliegen stehen summend in der Luft, Mücken tanzen im Sonnenlicht, Fliegen, Wespen, Hornissen eilen umher, Schmetterlinge taumeln von Blüte zu Blüte, und ab und an brummt ein Käfer vorbei. Insekten finden sich überall: auf der Baumrinde, am Waldboden, in hohlen Stämmen. Kein Wunder, sie bilden ja auch die größte Gruppe der Tiere. Allein in

Deutschland gibt es schätzungsweise 33.000 Arten. Das sind drei Viertel aller hierzulande heimischen Tiere.

Es gibt im Wald fast keine Lebensvorgänge, an denen Insekten nicht beteiligt sind: tote Tiere vergraben oder zersetzten, Blüten bestäuben, Samen verbreiten, Holz zersetzen, andere Insekten jagen. Und doch kennt kaum jemand mehr als 20 Insektenarten beim Namen. Das Auswildern von Luchsen oder die Rückkehr der Wölfe ist weitaus werbewirksamer, um auf die Belange des Artenschutzes und der Biodiversität aufmerksam zu machen. Die Bedeutung der Insekten für unsere Umwelt ist jedoch mindestens ebenso groß, und ebenso dramatisch ist das Ausmaß ihrer Gefährdung.

Der Schutz der Insekten ist eine der dringlichsten Aufgaben des Arten- und Naturschutzes. Denn für sie sieht es derzeit nicht gut aus. Innerhalb der letzten 30 Jahre hat die Gesamtmasse der Insekten hierzulande um 76 Prozent abgenommen[38]. Da die Untersuchungen, die zu diesen Zahlen führten, in Naturschutzgebieten gemacht wurden, ist der tatsächliche Schwund der Insekten möglicherweise noch höher. Schuld an diesem Desaster sind unter anderem der Einsatz von Insektiziden und Pestiziden, die Industrialisierung der Landwirtschaft, ausgeräumte Landschaften, Flächenversieglung, Lichtverschmutzung.[39] Auch im Wald war man zur Hochzeit der „Insektenmittel" nicht zimperlich mit dem Einsatz von Chemie: das Vergiften von Holzpoltern, die Abtötung von Bäumen, die Beseitigung von Graswuchs gehörten zum Standard. Und noch immer wird im Wald gelegentlich Chemie eingesetzt, zum Beispiel gegen Maikäfer, Prozessionsspinner und Borkenkäfer. Im Gegensatz zur Landwirtschaft, wo er als mehr oder weniger notwendiges Übel großenteils unhinterfragt an der Tagesordnung ist,

38 G. V. L. Lehmann et al.: *Diversity of Insects in Nature protected Areas (DINA): an interdisciplinary German research projekt*

39 vgl. hierzu Josef Settele, *Die Triple-Krise*, 2020

wird der Einsatz von Umweltgiften im Wald zumindest öffentlich diskutiert und beschäftigt Landesparlamente. Denn es hat sich herumgesprochen: Jeder Einsatz von Insektiziden stört die Selbstregulation, weil neben den Schadinsekten zugleich deren Gegenspieler getötet werden. In einer natürlichen Umgebung jedoch regulieren sich die Dinge von allein: Die Gegenspieler von Raupen sind Schlupfwespen; Marienkäfer und Schwebfliegen ernähren sich von Blattläusen. Der Einsatz von Chemie kann das Schadereignis sogar verlängern, weil dadurch die biologische Regulation, die langfristig am effektivsten ist, komplett ausgeschaltet wird.

Unter den Insekten bilden die Käfer eine eigene Gruppe. In Deutschland sind etwa 1.300 Arten bekannt. Die vage Angabe zeigt, wie viel in diesem Bereich noch immer unerforscht ist. Über die Hälfte der Käferarten lebt an und in abgestorbenem Holz. Sie helfen mit, die organische Substanz zu zersetzen und dem lebenden Wald als Humus wieder zur Verfügung zu stellen. Abgestorbenes Material bildet für diese Arten die Lebensgrundlage. Dabei sind sie auf möglichst dicke, alte Baumruinen oder auf dem Waldboden liegende Baumstämme angewiesen. Die Art der Holznutzung und das Bewirtschaftungskonzept des Waldes entscheidet also über ihre Existenz mit.

Einige Käfer können weiter entfernt liegende Habitate nicht erobern, da es für sie in einem Waldland ursprünglich keine Notwendigkeit gab, eine solche Strategie zu entwickeln. In einem naturnahen Wald mit abgestorbenen Bäumen und vermodernden Stämmen fanden sie stets einen unerschöpflichen Lebensraum vor. Man spricht bei ihnen von „Urwaldreliktarten", die nur dort vorkommen, wo es ohne Unterbrechung immer Wald gegeben hat. Ihr Vorkommen zeigt an, dass es sich um „alte Waldstandorte", also um besonders wertvolle und schützenswerte Habitate handelt.

Viele Urwaldreliktarten brauchen sehr spezielle Bedingungen. Der ungezähmte Wald kann damit aufwarten, weil sich die Holznutzung auf wenige starke Bäume guter Holzqualität beschränkt und eine gewisse Anzahl Bäume bis zu ihrem natürlichen Ende stehen bleiben. Und im Wald wird nicht aufgeräumt: Umgestürzte Bäume bleiben liegen, nur ein Teil des Kronenholzes wird verwertet.

2012, achtzehn Jahre nachdem das Konzept des ungezähmten Waldes eingeführt worden war, wurde im Göttinger Stadtwald nachgeschaut, ob und wie es sich auf das Käfervorkommen auswirkt. Eine Käferkartierung ist schwierig und kostspielig, weil es nur sehr wenige Fachleute mit ausreichender Artenkenntnis gibt und die Erfassung sehr aufwendig ist. Man fand 282 Insektenarten, darunter 269 Käfer, ein erstaunlich guter Wert. Urwaldreliktarten wie der bereits erwähnte Eremit, der etwa so groß wie ein Maikäfer ist, oder der Veilchenblaue Wurzelholzschnellkäfer gingen im Wald nicht ins Netz, dafür tauchte der Eremit jedoch 2018 an den alten Bäumen des Walls auf, der die Göttinger Altstadt umringt.

Über mehrere Jahre wurden zudem in Göttingen die Schmetterlingsarten eines 200 Hektar großen Gebiets erfasst, das Kerstlingeröderfeld genannt wird. 80 Hektar davon waren Wiesen und Buschland, sodass auch viele Freilandarten darunter waren. Freiland entsteht nicht nur durch den Menschen und seine Landnutzung, sondern auch auf natürliche Weise, zum Beispiel wenn Bäume absterben und zusammenbrechen. Auf solchen Störflächen herrscht ein ungeheurer Reichtum an Schmetterlingen. Insgesamt fand man bei der Untersuchung des Kestlingeröderfeldes fast 400 Spezies, das ist mehr als die Hälfte aller in Niedersachsen bekannten Schmetterlingsarten.

So schwierig es auf der einen Seite ist, einzelne Insektenarten zu schützen, so einfach ist andererseits, den Lebensraum, den bedrohte Arten benötigen, zu erhalten oder zu schaffen. Das ist inzwischen in vielen Forstverwaltungen bekannt, und deswegen umfassen Waldbaurichtlinien und Holzzertifikaten bestimmte Auflagen für die Erhaltung von Totholz und Habitatbäumen. Beim ungezähmten Wald braucht es keine besonderen Regelungen, denn hier ist der der Schutz des Lebensraums Teil des Konzepts und hat gegenüber allen anderen Nutzungsarten oberste Priorität. Das ist auch notwendig, denn viele Zusammenhänge im Wald sind noch *terra incognita* und warten darauf, von uns entdeckt und verstanden zu werden.

Nützliche Zwischenwesen – Pilze und ihre Bedeutung für den Wald

Im Herbst in den Wald gehen und Pilze sammeln: für viele Naturliebhaber eines der eindrücklichsten Erlebnisse. Aber auch wenn man nicht selbst „in die Pilze geht", stehen Champignon, Shiitake, Steinpilz und Co. regelmäßig auf unserem Speiseplan. Dabei handelt es sich bei dem, was wir da sammeln, lediglich um die sichtbaren Fruchtkörper. Das wahre Leben der Pilze spielt sich unter der Erde oder im Totholz ab und ist den meisten unbekannt.

Das ist erstaunlich, sind Pilze doch ein unabdingbarer Bestandteil unseres Lebens. Man kann ohne Übertreibung sagen: Ohne sie wäre das Leben auf der Erde in der uns bekannten Form gar nicht möglich. Das abendliche Bier oder Glas Wein, dazu Käse und Brot – ohne Pilze gäbe es das alles nicht. Auch unser Organismus ist auf Pilze angewiesen. Im Mikrobiom des Darms arbeiten Bakterien und Pilze zusammen, sie machen ein Gewicht von rund vier Kilogramm aus. Pilze schließen unsere Nahrung für uns auf, sorgen für die Darmgesundheit und haben massiven Einfluss auf unser körperliches und seelisches Wohlergehen. Nicht zuletzt spielen sie in der Medizin eine wichtige Rolle. Das Antibiotikum Penicillin verdanken wir einem Schimmelpilz.

Was also sind Pilze wirklich? Neben den Pflanzen und Tieren bilden sie das dritte Organismenreich. Biologen nennen es „Funga". Pilze sind keine Pflanzen, wie viele meinen. In vielerlei Hinsicht stehen sie der Tierwelt sogar näher als der Pflanzenwelt. Pilze betreiben keine Photosynthese, sondern sind wie wir auf andere Lebewesen angewiesen, um sich zu ernähren. Ihr eiweißreiches Gewebe ist Fleisch ähnlicher als pflanzlichen Strukturen. Vegetarier und Veganer schätzen Pilze daher als Fleischersatz.

Was wir als Pilz bezeichnen, ist, wie in Kapitel 3 bereits erwähnt, nur der sichtbare, oberirdische Teil dieser geheimnisvollen Lebewesen. Der eigentliche Pilz ist ein feines Gespinst aus Fäden, Hyphen genannt, das unterirdisch eine Fläche von 100 mal 100 Meter und mehr einnehmen kann. Viele Pilze gehen Symbiosen ein, Partnerschaften mit anderen Lebensformen, die sie mit Nahrung und Wasser versorgen. Das Mikrobiom unseres Darms ist dafür ein Beispiel.

In Deutschland bilden Pilze mit rund 14.000 Arten die zweitgrößte Gruppe unter den Lebewesen – nach den Tieren (48.000 Arten) und vor den Pflanzen (9.500 Arten).

Auch ein Wald ist ohne Pilze undenkbar. Im Wurzelbereich der Bäume bilden sich Lebensgemeinschaften aus Baum und Pilz, sogenannte Mykorrhiza. Viele Biologen bezeichnen sie auch als „Mykorrhiza*wurzel*", weil sich viele Bäume bei ihrer Nährstoff- und Wasserversorgung mehr auf die Zuarbeit der Pilze als auf ihre eigenen Wurzeln verlassen. Pilz und Baum schließen sich dazu an den Feinwurzeln der Bäume zusammen. Es wird zwischen „Endo-und Ektomykorrhiza unterschieden. Bei der einen Form wachsen die Pilze regelrecht in die Feinwurzeln hinein, im andern Fall werden die Feinwurzelspitzen von den Pilzfäden von außen umsponnen. Die so verbundenen Partner beginnen einen regen Tauschhandel: Der Pilz transportiert Nährsalze und Wasser zu den Wurzeln. Der Baum revanchiert sich, indem er Produkte seiner Photosynthese wie Zucker und daraus gewonnene Nährstoffe an den Pilz weitergibt. Wie positiv sich diese Partnerschaft auswirkt, zeigt sich in Trockenjahren: In einem Umkreis von 90 Metern um den Baum nehmen die Pilze Wasser auf und können ihn damit auch über längere Trockenperioden hinweg ausreichend versorgen. Die meisten heimischen Baumarten können ohne Pilze nicht überleben – und umgekehrt. Die Symbiose der Mykorrhiza zwischen Baum und Pilz ist so eng, dass sie sogar die Definition „Art" in der Systematik der Biologie in Frage stellt: Eine Art ist eigentlich ein eigenständiges, überlebensfähiges Wesen, was für beiden die in der Mykorrhiza verbunden Partner fast nicht mehr gilt. Ihr Zusammenleben zeigt uns, wie stark unsere Mitwelt untereinander vernetzt ist. Durch die Pilz-Baum-Symbiose scheinen alle Bäume eines Waldbestandes unterirdisch miteinander in Verbindung zu stehen. Peter Wohlleben taufte dieses System „Wald-Weit-Web"[40], und dieser Vergleich mit dem Internet passt, weil es nach neueren Forschungen auch Hinweise darauf gibt, dass über dieses Leitungssystem nicht nur Nährstoffe, Nährsalze und Wasser transportiert werden, sondern auch eine Art Informationsaustausch zwischen den Bäumen

40 Peter Wohlleben: *Das geheime Leben der Bäume*, 2015

stattfindet. Die Zusammenarbeit von Baum und Pilz ist noch in vielen Teilen unerforscht. Bäume leben oft nicht nur mit einer Pilzart zusammen, sondern mit mehreren. Partnerschaften zwischen Pilz und Baum können sich ändern. Die beiden Seiten können sich „scheiden lassen" und neue Partnerschaften eingehen. Ein spannendes Forschungsfeld, auf dem noch viele neue, überraschende Erkenntnisse zu erwarten sind.

Eine besonders enge Gemeinschaft zwischen einem Pilz und einem Baum ist die „Kurzkreislauf-Mykorrhiza", in der Fachsprache „Short-Circle-Mykorrhiza" (SCM): Ein solcher Pilz zersetzt totes Holz und leitet die gewonnenen Nährsalze sowie Wasser exklusiv, direkt und ausschließlich an seinen individuellen Baumpartner weiter. Dieser erhält dadurch mehr Nährstoffe und eine bessere Wasserversorgung als andere Bäume im Wald. Der Pilz düngt gewissermaßen seinen jeweiligen Partnerbaum, der dadurch besser wächst als seine Nachbarn; der Baum wiederum kann seinen Pilz großzügiger mit Nährlösung versorgen. Diese Spezialdüngung ist einer der Gründe, warum auf nährstoffärmeren Böden und trockenen Standorten manche Bäume schneller und stärker wachsen als andere.

Das feine Hyphengeflecht der Pilze braucht Zeit, um sich in der Fläche des Waldbodens auszubreiten. Es reagiert überdies sehr empfindlich auf Störungen. Jeder Schwammerlsucher kennt das: Ein gutes Pilzvorkommen erlischt binnen kürzester Zeit, wenn der Wald durchforstet wird, und es dauert Jahre, bis die Schwammerln wiederkommen. Besonders verheerend wirken sich auf Pilze Bodenverdichtungen aus, wie sie bei der derzeitigen Mechanisierung der Forstwirtschaft die Regel geworden sind. Jeder Maschinenweg wirkt wie ein Messer, dass das Netzwerk zerschneidet. Gerade für die Pilze ist das eine Katastrophe, weil sie auf große Flächen angewiesen sind – und das gilt auch für die mit ihnen vernetzten Bäume.

Neben den Mykorrhiza-Pilzen, zu denen so bekannte Arten wie der Steinpilz und der Pfifferling gehören, spielen die saprophytischen Pilze eine wichtige Rolle in der Lebensgemeinschaft Wald. Der Begriff leitet sich aus dem Altgriechischen ab und bedeutet so viel wie „Verwesungspflanzen". Saprophyten sind darauf spezialisiert, organisches Material aufzuschließen, abgestorbenes Holz, Laub, Kadaver, Streu oder Exkremente zu zersetzen und Mineralien und Nährstoffe in den Lebenskreislauf zurückzuführen. Ein bekannter Vertreter dieser Gruppe ist der Zunderschwamm, dessen Pilzkonsolen regelmäßig an kranken und abgestorbenen Bäumen zu finden sind. Saprophytische Pilze leben in der herbstlichen Laubstreu, im Humusboden, an Tierkadavern sowie an herabgefallenen Früchten.

Zusammenfassend lässt sich sagen: Pilze tragen entscheidend zum Erfolg der Waldwirtschaft bei. Und je älter, reifer und ungestörter ein Waldökosystem ist, desto besser funktioniert das Recycling durch die Pilze und desto stabiler ist die Lebensgemeinschaft Wald. In naturnahen Wäldern bzw. reifen Ökosystemen leisten Pilze ihren optimalen Beitrag. Mit der Entwicklung eines Waldökosystems steigt die Masse der Pilze rasch und nimmt in alten, reifen Systemen im Lebensraum Boden den größten Anteil ein.

Als sensible Mitgeschöpfe reagieren sie sehr direkt auf Beeinträchtigungen ihres Lebensraums. Und umgekehrt lässt sich anhand der Pilzflora sehr gut feststellen, wie intakt ein Lebensraum ist.

Im Göttinger Stadtwald konnten Pilzkundler bei systematischen Untersuchungen 253 Pilzarten nachweisen. Dort, wo Holz geerntet worden war, war die Artenzahl der Pilze deutlich geringer als auf den unbewirtschafteten Referenzflächen. Selbst behutsame Eingriffe sind also Störungen, die von den Pilzen registriert werden und zu einer geringeren Artenzahl führen.

Im Lübecker Stadtwald wurden von 2005 bis 2007 speziell lignicol-saprophytische, also Totholz zersetzende Pilze untersucht. Parallel nahm man die Menge des – aufrechtstehenden wie liegenden – Totholzes auf, setzte es in Beziehung zu den identifizierten Pilzarten und erhielt so allgemeine Kennzahlen für die Menge, die Dimension, und den Zersetzungsgrad von Totholz.

Die Pilze wurden eingeteilt in:

- Signalarten. Mit Hilfe dieser optisch auffälligen Arten lässt sich verhältnismäßig leicht die strukturelle Vielfalt, die potenzielle Artenvielfalt und die Naturnähe des jeweiligen Waldstandorts beurteilen.
- Urwaldzeiger. Sie zeigen die Naturnähe und die Ungestörtheit eines Waldökosystems an. Es gibt sie nur auf alten Waldstandorten, die noch nie eine andere Wirtschaftsform erlebt haben und die daher der natürlichen Vegetation, dem ursprünglichen Wald, verhältnismäßig nahekommen.
- Kurz-Kreislauf-Mykorrhizapilze (Short-cycle-Mykorrhiza).

Insgesamt konnten im Lübecker Stadtwald 202 Pilzarten identifiziert werden. Die Abstufungen zwischen alter unbewirtschafteter Fläche, junger unbewirtschafteter Fläche und bewirtschafteter Fläche sind deutlich zu erkennen.

Das Ergebnis zeigt: Gut für einen Wald ist ein Totholzvolumen von mindestens 50 Kubikmeter pro Hektar, 30 Kubikmeter davon in mittlerem Zersetzungsgrad, damit die lignicol-saprophytischen Pilze ihr Werk verrichten können. Dickes Holz von umgestürzten alten Bäumen, das auf dem Waldboden liegt, ist ebenfalls ein wertvoller Teil des Totholzes und für die Pilzgruppe der Kurzkreislaufmykorrhiza entscheidend. Das Astholz gefällter Bäume, das auch bei der konventionellen Bewirtschaftung eines Waldes in großen Mengen anfällt, spielt keine große Rolle.

Pilze reagieren empfindlich auf Störungen und Veränderungen, ihr Vorkommen oder Fehlen erlaubt Rückschlüsse auf die Beschaffenheit und den Zustand des Waldökosystems.

Pilze sind die wichtigsten Netzwerker im Ökosystem Wald. Sie sind in der Lage, die Wachstumsbedingen der Waldbäume zu verbessern.

Weniger menschliche Eingriffe wirken sich positiv auf ein reiches und stabiles Leben der Pilze und auf ein intaktes Waldökosystem aus.

Nur eine angemessene Menge Totholz garantiert ein reiches Pilzleben.

Am besten geht es den Pilzen in reifen Waldökosystemen, also einem alten, vorratsreichen Bestand, wie er für den Urwald und für den ungezähmten Wald typisch ist.

Die Bodenpflanzen – Botschafter von Standort und Veränderung

Es ist Frühling im Stadtwald. Die Märzenbecher fangen an zu blühen, dann folgen die blauen Leberblümchen. Kurze Zeit später erscheinen die gelben Schlüsselblumen, und danach sieht es für eine Woche so aus, als habe es geschneit: Der Blütenteppich der Frühlingsanemonen breitet sich auf dem gesamten Waldboden aus. Zur gleichen Zeit riecht es in anderen Teilen des Waldes angenehm nach Knoblauch: Bärlauch bedeckt den Waldboden mit seinen dichten

Blättern. Es ist jedes Jahr wie ein kleines Wunder, wenn sich im März und April im noch winterkahlen Laubwald der Boden in eine farbenprächtige Blumenlandschaft verwandelt. Jedes Mal geht einem die Frage durch den Kopf: Wo kommen die alle her, und wer hat sie da wohl hingepflanzt?

Im Stadtwald Göttingen wachsen über 50 verschiedene Arten von Blütenpflanzen, Gräsern und Farnen, die bis in den Herbst hinein blühen und den Wald schmücken. Im Solling, nur wenige Kilometer von Göttingen entfernt, sieht es völlig anders aus. Dort wachsen eher Simsen, Gräser und Farne, und an einigen Stellen Heidekraut und Blaubeere. Die Waldbodenpflanzen scheinen sich wenig darum zu kümmern, welche Baumart über ihnen den Wald bildet. Die Frühlingsanemonen wachsen im Göttinger Stadtwald auch unter den Nadelholzgruppen, die vor 100 Jahren als winterliches Grün in den Erholungswald gepflanzt wurden. Im Solling ist die Hainsimse (Luzula sylvatica) unter den Fichten wie unter den Buchen zu finden. Das Bild ändert sich erst dann, wenn es größere Störungen im Waldgefüge gibt. Auf Lichtungen und Kahlflächen erscheinen dann rote Weidenröschen, Brennnesseln oder Brombeeren. Und in der Dunkelheit des dichten Jungwalds wachsen auf dem Waldboden eine Zeitlang gar keine Pflanzen mehr.

Natürlich hat niemand den Waldboden bepflanzt. Die genannten Arten haben sich von selbst eingestellt. Alle haben eine individuelle Methode, um sich zu verbreiten: Die Haselwurz packt Fettpolster an ihre Samen, damit sie für Ameisen attraktiv werden. Das Springkraut hat einen Schleudermechanismus entwickelt, der seine Samen einige Meter weit weg katapultiert. Die Kletten heften ihre Samenpakete an Menschen und Tiere, die mit ihnen in Berührung kommen. Es gibt Samen, die jahrelang im Boden warten, bis für die Pflanze günstige Bedingungen herrschen. Mit ihren Verbreitungstechniken haben sie alle es geschafft, die Veränderungen am Wald vom Urwald bis heute zu überstehen.

Jede Waldbodenpflanze hat spezifische Ansprüche an Licht, Nährstoffe, Wasser, Temperatur und Klima. Wo all diese Rahmenbedingungen stimmen, siedelt sich die Art an, wächst und verbreitet sich. Geobotaniker haben die Ansprüche jeder einzelnen Pflanzenart entschlüsselt und Pflanzengesellschaften aus bestimmten Arten mit ähnlichen Ansprüchen beschrieben[41]. Mit diesem Schlüssel in der Hand lässt sich umgekehrt erkennen, was diese Pflanzen über den jeweiligen Standort erzählen. Die Frühlingsgeophyten des Göttinger Stadtwalds etwa bevorzugen Kalkboden, die Hainsimsen des Solling wachsen auf saurem Waldboden. Einige Pflanzen, wie die Mandelwolfsmilch, markieren den Übergang zwischen dem vom Meer beeinflussten und dem kontinentalen Klima. Östlich von Göttingen werden die Winter kälter und die Sommer heißer. Hier ist die Mandelwolfsmilch, die den mäßigenden Einfluss des Meeres braucht, nicht mehr zu finden.

Die Eigenschaft der Waldbodenpflanzen, sich unabhängig vom Menschen zu verbreiten und dabei genau jene Orte zu finden, die ihren Ansprüchen genügen, nutzt die Geobotanik zur Rekonstruktion der ursprünglichen Vegetation. Diese Pflanzengesellschaften – in der Fachsprache die „potentielle natürliche Vegetation" – sind eine wichtige Orientierungsgröße im Naturschutz, mit deren Hilfe die „Urwaldtypen" Deutschlands kartiert werden. Die Waldbodenpflanzen zeigen also, dass im Göttinger Stadtwald der Kalkbuchenwald und im Solling der bodensaure Buchenwald die jeweils ursprüngliche Vegetationsform ist.

Eine bestimmte Fraktion der Waldbodenpflanzen hat ein breiteres Standortsspektrum und gibt damit Hinweise auf die Qualität des Bodens. Hierzu gehören der Waldmeister und das einblütige Perlgras. Beide sind Kennarten für reichere Böden. Nach dem Perlgras sind deswegen die Buchenwälder benannt, die auf solchen Böden

41 Heinz Ellenberg: *Zeigerwerte mitteleuropäischer Gefäßpflanzen*, Göttingen 1979

gedeihen: „Perlgras-Buchenwälder“ oder „Melico-Fagetum“[42]. Die Hainsimse wiederum zeigt arme, saure Böden an; dementsprechend wird der Waldtyp „Hainsimsen-Buchenwald“ oder „Luzulo-Fagetum“ genannt. Um eine noch genauere Einteilung vorzunehmen, muss man auf die Pflanzenarten achten, die ganz spezifische Bedingungen brauchen. In Göttingen ist das die Frühlingsblatterbse. Da sie in Mitteleuropa nur in Kalkbuchenwäldern mit reichem Boden, mäßigem Wasserangebot und subkontinentalem Klima zu finden ist, ist sie die Botschafterin dieser spezifischen Waldform. Als „Charakterart“ gibt sie der hier heimischen natürlichen Waldlebensgemeinschaft den wissenschaftlichen Namen „Lathry-verni-Fagetum“, auf Deutsch „Frühlingsplatterbsen-Kalkbuchenwald“.

In der hügeligen Gegend östlich der Stadt Göttingen, in der auch der Stadtwald liegt, untersuchen Geobotaniker seit Jahrzehnten die Entwicklung der Waldbodenpflanzen[43]. Dabei werden alle 20 Jahre die auf bestimmten markierten Untersuchungsflächen vorkommenden Arten erfasst und alle Veränderungen festgehalten. Und diese Veränderungen sind deutlich. Viele Arten sind innerhalb der langen Untersuchungszeit zurückgegangen, die Bestände anderer hingegen nehmen massiv zu. Zu den Profiteuren gehört zum Beispiel der Bärlauch, was viele kulinarische Anhänger dieser Pflanze freuen wird. Nicht alle Veränderungen haben einen erkennbaren Grund. Einige lassen sich durch geänderte Waldbewirtschaftungsformen erklären, andere weisen auf einen Wandel im Klimageschehen hin. Bis zur Mitte des letzten Jahrhunderts gab es im Bereich von Göttingen noch „Mittelwälder“. Diese Bewirtschaftungsform führte zu einem sehr lichten Bestand. Der Rückgang einiger Pflanzenarten,

---

42 *Melica uniflora* ist der wissenschaftliche Name des Perlgrases, *Fagus silvatica* der der Buche.

43 Diese geobotanische Langzeitbeobachtung erfasst unter dem Projektnamen PastForward Beobachtungsflächen in ganz Europa. Im Göttinger Raum gehören dazu 20 Einzelflächen.

darunter das Hainrispengras, das Waldlabkraut und auch die Frühlingsblatterbse, zeigen, dass die Wälder dunkler und geschlossener geworden sind. Andere Arten, die keinen harten Frost vertragen, nahmen in jüngerer Zeit deutlich zu und zeigen somit ein Wandel des Klimas an. Das Efeu oder die Stechpalme (Ilex) vertragen keine Temperaturen unter minus 15 Grad. Ihre starke Zunahme zeigt, dass unsere Winter wärmer geworden sind. Die Veränderungen sind gegenwärtig noch moderat. Ein intaktes Waldinnenklima kann die Temperaturextreme außerhalb des Waldes noch sehr gut abpuffern.

Im ungezähmten Wald wird in den nächsten Jahrzehnten das Holzvolumen zunehmen. Das Kronendach wird sich dichter schließen und das Waldinnere dunkler und kühler werden. Licht- und wärmeliebende Arten unter den Waldbodenpflanzen werden zurückgehen, und eine längere Zeit werden nur noch Waldbodenarten der geschlossenen alten Wälder die Pflanzendecke des Bodens bilden. Das wird so lange so bleiben, bis sich durch größere und kleinere Störungen lokal die Versorgung mit Licht und Wärme ändert.

Sensible Extremisten – Moose und Flechten

Moose gehören zum Wald wie Bier zur Kneipe. Auf jedem Baumstumpf sind sie zu finden, auf dem Waldboden bilden sie weiche Polster, aus dem im Herbst die Pilze hervorlugen. Ihren feuchten, leicht modrigen Geruch, der sich besonders nach Regen ausbreitet, empfinden wir als angenehm. Uns meist gar nicht bewusst, trägt er zu unserem Wohlbefinden im Wald bei.

Auffällig ist, dass in Nadelholzplantagen auf den ersten Blick mehr Moos wächst als im Laubwald. Das hat darin seinen Grund, dass Moose nicht sehr konkurrenzstark sind und von Gräsern und anderen Waldbodenpflanzen leicht verdrängt werden. Da Fichtenforste aber den Waldbodenpflanzen keine guten Wuchsbedingungen bieten, können sich einige „Allerwelts-Moosarten“ hier ungehindert großflächig ausbreiten.

Moose sind die ersten Pflanzen, die die Landflächen der Erde ergrünen ließen. Vor 475 Millionen Jahren entwickelten sie sich aus Grünalgen der Meeresgezeitenzone, die das Wasser verließen, um neuen Lebensraum zu erobern. Moose haben sich seither wenig verändert, und ihr Eroberungs- und Überlebenswille ist ungebrochen. In ihnen begegnet uns sozusagen die Urzeit des Lebens an Land. Auf dem Hausdach, in der Regenrinne, auf dem Rasen – Moose sind Pioniere und finden sich überall, wo andere nicht leben können. Einige Arten können in einen wochenlangen Trockenschlaf übergehen, wenn ihnen auf einem Stein in der Sommerhitze die Feuchtigkeit ausgeht – und beim nächsten Regen wieder aufwachen und weitergedeihen. Anderen macht Kälte nichts aus: kanadische Forscher haben aus dem Permafrost Alaskas ein 1750 Jahre altes Moos ausgegraben, wieder aufgetaut – und es wuchs weiter! Weitere Superlative sind bei den Torfmoosen zu finden: Sie können das 26-fache ihres Trockengewichts an Wasser aufnehmen, wachsen ganzjährig ohne Pause und haben die Moore als eigene Lebensräume geschaffen. Diese bedeckten einst große Teile Norddeutschlands und sind gigantische CO_2-Speicher. Das Brandmoos wiederum ist, der Name deutet es an, die erste Pflanze, die nach einem Waldbrand den ausgeglühten Boden neu besiedelt.

Das klingt sehr robust und unverwüstlich, doch reagieren die meisten Moosarten empfindlich auf Umweltveränderungen, beispielsweise infolge von Luftverschmutzung. Das ist in ihrem einfachen Aufbau begründet: Moose haben keine oder nur ganz rudimentäre Wurzeln und nehmen Wasser und Nährsalze direkt über die Blätter auf. In der Regel mögen sie Feuchtigkeit und Kühle, weswegen sie sehr gern im Wald leben: Von den etwa 1.200 Moosarten Deutschlands finden sich hier rund 700. Außerhalb des Waldes geht es den Moosen eher schlecht: 335 Moosarten sind hierzulande gefährdet, 54 Arten bereits ausgestorben.

Die meisten Waldmoose sind Epiphyten.[44] Sie nutzen raue Borke, Baumstümpfe, Äste oder Steine als Unterlage und sind ansonsten „Selbstversorger“, die Wasser und Nahrung aus der Luft beziehen.

Waldmoose sorgen im Wald für ein Wohlfühlklima, indem sie die Luftfeuchtigkeit erhöhen, die Feuchtigkeit im Boden bzw. in Baumstümpfen halten und wie eine Isolierschicht wirken, wenn sie auf Baumrinde wachsen. Sie tragen auch zur Düngung des Waldes bei, indem sie Nährstoffe aus der Luft filtern und dem natürlichen Kreislauf zur Verfügung stellen.

Diese letztere Eigenschaft ist leider auch ihre Schwachstelle: Moose nehmen alle Schadstoffe aus der Luft auf und speichern sie ungefiltert. Durch sauren Regen in den 1980er-Jahren und Stickoxide aus dem Straßenverkehr und der Industrie sind viele Moosarten stark geschädigt und gefährdet. Auch die Art der Waldbewirtschaftung hat großen Einfluss auf ihren Lebensraum. Als Epiphyten sind viele Arten auf alte Bäume mit rauer Rinde oder auf abgestorbenes Holz am Waldboden angewiesen. Wenn infolge von Durchforstungen das Waldinnenklima trockner wird, wenn dicke Bäume verschwinden und Totholz aus dem Wald geräumt und zu Brennholz aufgearbeitet wird, dann verschwinden unweigerlich auch empfindliche Moosarten.

Umgekehrt lässt das Vorkommen bestimmter Moose, etwa des wellblättrigen Katharinenmooses, das im Stadtwald Göttingen wächst, auf einen alten, geschlossenen Laubmischwald schließen.

In Lübeck wurden 2008 die verschiedenen Waldteile des Stadtwalds anhand Anzahl der dort vorkommenden Waldmoosarten

44 Epiphyten sind Pflanzen, die auf anderen Pflanzen leben, sie als Unterlage nutzen, ohne diesen jedoch Nährstoffe zu entziehen oder auf andere Art zu schaden.

verglichen. Im Schattiner Zuschlag, dem ältesten Teil mit den stärksten Bäumen, war die Artenzahl um 20 Prozen höher als in anderen Waldteilen.

Ähnliches wie für Moose gilt für Flechten. Unscheinbarer als die Moose, wurden sie früher mit zu diesen hinzugezählt, doch inzwischen weiß man, dass es sich bei ihnen um eine Lebensgemeinschaft aus Pilzen und Algen handelt. Botaniker ordnen Flechten deswegen dem Reich der „Funga", also der Pilze, zu. Auch Flechten können sich extremen Bedingungen anpassen und sind echte Überlebenskünstler. Im Hochgebirge, auf dem Asphalt und in heißen Wüsten, wo nichts sonst mehr wachsen kann – die Flechten schaffen es. Sie können über lange Zeit völlig austrocknen, extrem kalte und über 70 Grad heiße Standorte besiedeln, und die Landkartenflechte hat sogar längere Zeit ungeschützt im Weltraum überlebt. Flechten verbreiten sich, ähnlich wie viele Moose, überwiegend vegetativ: abgebrochene Flechtenstücke lassen sich von Tieren zum nächsten Standort transportieren, vom Sturm abgerissene Moosstücke wachsen dort, wo sie liegenbleiben, weiter, sofern die Rahmenbedingungen stimmen. Wie Moose siedeln Flechten auf anderen Pflanzen oder auf Steinen und filtern ihre Nährstoffe und ihren Wasserbedarf aus der Atmosphäre.

Flechten sind noch konkurrenzschwächer als Moose, aber gerade indem sie geradezu unmögliche Nischen besetzen, bereichern sie das Ökosystem und maximieren die Artenzahl und damit die Biodiversität in der Lebensgemeinschaft Wald. Flechten bewirken, dass in einem Kalkbuchenwald die Rinde der alten Bäume silbrig hell glänzt oder dass Fichten in natürlichen Fichtenwäldern wie dem Harz „Bärte" an den Ästen bekommen.

Wie Moose reagieren Flechten sensibel auf Umweltveränderungen; Luftverschmutzungen können sehr schnell und radikal zu ihrem Rückgang und Verschwinden führen. Sie gelten daher als Umweltindikatoren.

Im westlichen, etwa 400 Hektar großen Teil des Göttinger Stadtwalds wurde in den Jahren 1888 /89, 1964 bis 1969, 1973/74 und zuletzt 1988 das Flechtenvorkommen untersucht.[45] Es zeigte sich, dass neben der Luftverschmutzung auch die intensive Forstwirtschaft für die Veränderungen bei den Flechtenarten verantwortlich ist.

Moose und Flechten breiten sich relativ langsam aus. Eine ausreichende, dauerhaft vorhandene Zahl alter Bäume ist für sie überlebensnotwendig. Kleinräumige Holzernte mit geringen Eingriffen in das Ökosystem, ausreichend starkes Totholz und die natürliche Dynamik eines Urwaldes sichern ihre Existenz.

Moosen und Flechten reagieren empfindlich auf äußere und innere Veränderungen (Luftverschmutzung bzw. intensive Forstwirtschaft). Sie sind auf Konstanz, ausreichend alte Bäume sowie Totholz in allen Dimensionen und Zersetzungszuständen angewiesen. Ihr Vorhandensein zeigt Lebensbedingungen an, wie sie auch Urwälder und der ungezähmte Wald bieten.

45 Christine Neuweiler: *Kartierung der epiphytischen Flechtenflora des Hainbergs.* Diplomarbeit Göttingen, 1988

Messbare Veränderungen

Rechnet sich das überhaupt? Die ökonomische Seite des ungezähmten Waldes

48 Prozent der deutschen Waldfläche sind in Privatbesitz. Waldeigentümer zu sein kostet Geld: Grundsteuer, Beiträge für Berufsgenossenschaft und Gewässerunterhaltungsverband, Herstellen der Verkehrssicherheit. Hinzu kommen der Bau der Waldwege und deren Unterhaltung. Viele Waldbesitzer und auch viele kleine Gemeinden, denen weitere 19 Prozent der Waldfläche gehören, sind auf die Einnahmen aus ihrem Wald angewiesen. Die Wirtschaftlichkeit ist also ein wichtiger Faktor, den ein

Waldkonzept berücksichtigen muss. Und Holz ist bislang die wichtigste Einnahmequelle. Wie sieht das beim ungezähmten Wald aus?

Zunächst einmal fallen einige Arbeiten, die in der konventionellen Forstwirtschaft üblich sind, einfach weg: Neupflanzungen, Jungwaldpflege, Durchforstungen ohne Ertrag.

Im ungezähmten Wald steht nicht Quantität, sondern Qualität im Vordergrund. Die Erntemenge ist geringer als im Wirtschaftswald, wird aber dadurch ausgeglichen, dass das Holz wertvoller ist und höhere Preise erzielt. Im Autoland Deutschland kann man das vielleicht mit der Produktion von Autos vergleichen: Es gibt „Brot-und-Butter-Autos“ wie den Golf, die in großen Stückzahlen vom Band laufen. Pro Auto verdienen die Hersteller eher wenig, die Masse macht‘s. Der Golf des Waldes ist die Fichte. Dem bescheidenen Gewinn pro Kubikmeter Fichtenholz stehen große Erntemengen in plantagenartigen Monokulturen gegenüber. Auf ähnliche Art, wie in der Autoproduktion durch Automatisierung am Fließband Kosten eingespart werden, geschieht dies in der Forstwirtschaft durch den Einsatz von Erntemaschinen.

Anders sieht es bei der Produktion von Wertholz aus. Starkholz, zum Beispiel von Eichen, bringt einen zehnmal höheren Gewinn als Nadelmassenholz – vergleichbar mit Luxusautos, die in kleinen Stückzahlen gebaut werden, aber höhere Gewinnmargen abwerfen. Werthölzer werden einzelstammweise geerntet. Und noch etwas haben sie mit Luxusautos gemeinsam: Die Produkte sind länger haltbar oder werden länger genutzt.

Doch damit enden die Gemeinsamkeiten von Holz- und Autoproduktion: Holz ist ein CO_2-Speicher, und es ist von allgemeinem Interesse, dass das Klimagas möglichst lange im Endprodukt gebunden bleibt (vgl. Kapitel III.4).

Eine Studie aus dem Jahr 2006, in der vier Waldbaukonzepte in der Lüneburger Heide miteinander verglichen werden – ein erwerbswirtschaftlich ausgerichteter Forst, ein ökologisch ausgerichteter Wald, ein auf die natürliche Vegetation setzender Wald sowie ein ungezähmter Wald – kommt zu dem Ergebnis, dass die Konzeption des ungezähmten Waldes die besten Ergebnisse erzielt.[46] Zwischen der Dimension des Holzvorrats, seinem Wert und den Erntekosten besteht ein enger Zusammenhang. Je dünner die Stämme, desto höher die Erntekosten, denn es müssen mehr Bäume gefällt werden, um einen Kubikmeter (= Erntefestmeter) Holz zu erhalten, und die Maschinen müssen häufiger fahren, um dieselbe Menge Holz zu den befestigten Wegen zu schleppen. Der Holzerlös hängt entscheidend von der Stammdimension ab: Für Bretter und Bohlen braucht man dicke Stämme. Rinde und Rundungen sind unbrauchbar. Bei dünnen Bäumen ist der Anteil an nicht verwertbarer Masse viel größer. Die Ausbeute an Wertholz steigt mit wachsendem Stammdurchmesser exponentiell.

Die Stadt Göttingen hat für ihren Wald den Erholungswert für die Bürger und den Schutz der heimischen Natur als oberste Ziele definiert. Erst danach kommt der Ertrag aus der Holzernte. Umso bemerkenswerter ist es, dass sich das Konzept des ungezähmten Waldes auch positiv auf die Wertentwicklung des Holzes und die Einnahmen aus der Holzernte auswirkt. Innerhalb der ersten zehn Jahre der Umsetzung dieses Konzepts hat sich der Wert des im Wald stehenden Holzes verdreifacht.

Der Stadtwald Lübeck wiederum ist mit 5.500 Hektar einer der größten kommunalen Forstbetriebe in Deutschland. Als der Lübecker Senat 1992 das neue Waldkonzept beschloss, lag der Holzvorrat des Waldes bei 297 Kubikmetern pro Hektar. Bis 2016 stieg die Holzmasse auf 425 Kubikmeter und liegt heute bei knapp 500 Kubikmetern. Das Holzvolumen stieg also um 70 Prozent. Gleichzeitig hatte sich der Wert des Holzes verdoppelt. Und auch ein anderer

46 Henriette A. A. Duda: *Vergleich forstlicher Managementstrategien – Umsetzung verschiedener Waldbaukonzepte in einem Waldwachstumssimulator, erarbeitet an der Nordwestdeutschen forstlichen Versuchsanstalt 2004–2006.* Göttingen 2006

Wert ist angestiegen: der jährliche Zuwachs an Holz. 1992 kamen im Lübecker Stadtwald 28.000 Kubikmeter Holz dazu, 2013 waren es 38.000 Kubikmeter. Woran das liegt, wird im noch folgenden Kapitel „Holz wächst an Holz“ erklärt.

Die Holzerntemenge im Lübecker Wald betrug vom Jahr der Einführung des Konzepts des ungezähmten Waldes bis einschließlich 2015 zwischen 9.500 Kubikmeter und 20.000 Kubikmeter jährlich. Seit 2015 werden pro Jahr 14.000 Kubikmeter geerntet. Trotz der Entnahme von Wertholz steigt der Gesamtwert der Holzmasse im Wald. Die Menge und die Qualität des Lübecker Wertholzes sind so attraktiv, dass dort Bäume versteigert werden. Dazu reisen Käufer aus ganz Europa an und zahlen Höchstpreise.

Die Lübecker haben ausgewertet, wie und zu welchen Produkten ihr Holz verarbeitet wird. Daraus lässt sich ableiten, wie viel CO_2 der Lübecker Stadtwald langfristig speichert. Neben einer möglichst hohen Holzmasse im lebenden Wald kommt es darauf an, das Holz zu möglichst langlebigen Produkten zu verarbeiten. Während Dachbalken oder hochwertige Möbel das vom Baum aufgenommene CO_2 teilweise über Jahrhunderte speichern, werden Papier und Pappe meist innerhalb eines Jahres verbrannt und das gespeicherte CO_2 wird wieder freigesetzt. Die Produktion von Wertholz ist also nicht nur für die Einnahmen eines Forstbetriebs interessant, sondern stellt, wie oben bereits erwähnt, auch einen wichtigen Beitrag zum Klimaschutz dar.

Betriebswirtschaft und Forstbetriebswirtschaftslehre – neue Ansätze sind gefragt

Die hier bisher dargelegte Bilanz ist höchst erfreulich und zeigt, dass der ungezähmte Wald ein ökonomisch wie ökologisches Vorzeigemodel ist. Forstbetriebswirtschaftler müssten ihn deswegen als eine ernstzunehmende Alternative zu der bisherigen Waldbewirtschaftung empfehlen.[47] Doch das Gegenteil ist der Fall: In den vergangenen Jahren wurden die beiden hier eingehend betrachteten Forstbetriebe, Göttingen und Lübeck, durch die jeweiligen Landesrechnungshöfe geprüft und die Art der Bewirtschaftung wurde scharf kritisiert. Der Vorwurf war in beiden Berichten ähnlich: Die Forstbetriebe hätten schlecht gewirtschaftet, weil die möglichen Nutzungspotentiale an Holz nicht ausreichend genutzt worden wären. Dadurch seien beiden Städten beträchtliche Finanzeinnahmen entgangen. Wie kann das sein? Stimmt da etwas mit der betriebswirtschaftlichen Berechnung nicht, oder reden sich die beiden Forstbetriebe ihr neues Wirtschaftsmodell schön? Der Grund für diese Kritik ist das Ansparen, das bei der Umsetzung des neuen Konzepts in der Regel anfangs notwendig ist: Der Holzvorrat des Waldes soll sich auf mindestens 80 Prozent des natürlichen Vorrats der Waldgesellschaft erhöhen. Über solch hohe Vorräte verfügt kein deutscher Wirtschaftswald. Eine Anreicherung des Holzvorrats gelingt verständlicherweise nur, wenn man eine Zeitlang auf die maximal mögliche nachhaltige Holznutzung verzichtet. Deswegen hat der Göttinger Stadtrat beschlossen, bis zum Auffüllen des Holzvorrats der lebenden Bäume auf 600 Kubikmeter pro Hektar nur 60 Prozent des Zuwachses zu ernten. Das ist kein Verlust für die Stadt, sondern eine Investition in die Zukunft, denn der Wald wird insgesamt wertvoller. Die Bäume werden dicker, und Holz mit starken Dimensionen erzielt wesentlich bessere Preise. Der Wert des Waldes steigt sogar schneller als der Vorrat – ein Sparbuch mit einer guten Verzinsung. Gleichzeitig wird, wie hier beschrieben, der Wald stabiler, das Risiko des Kapitalverlusts geringer. In der Bilanzrechnung eines normalen Wirtschaftsbetriebes würde das alles

47 Im Lübecker Stadtwald wird seit 1985 alle fünf Jahre eine Waldwertberechnung durchgeführt. Bei einer um 50 Prozent angestiegenen Holzmenge hat sich der Waldwert verdoppelt. In echten Zahlen: Der Wertanstieg des Holzes beträgt 2.000.000 € / Jahr oder 400 € / ha.

abgewogen und als Wert in die Gesamtbilanz eingehen. Die forstliche Betriebswirtschaftsrechnung unterscheidet sich jedoch maßgeblich von einer normalen Betriebsbilanz, weil auch sie mit dem Modell des Altersklassenwaldes arbeitet. In einem Altersklassenwald, einem Modell, das nur mit der Hälfte des waldökologischen Holzvorrats arbeitet, wird jedes Jahr der nachhaltige Zuwachs geerntet. Der Holzvorrat verändert sich im Modell des Altersklassenwalds nicht, und der lebende Wald, der sowohl Produktionsmittel (denn lebende Bäume erzeugen Holzzuwachs) als auch Produkt (nutzbares Holz) ist, gilt als unveränderliche Größe. Deswegen wird er in der Betriebsbilanz nicht berücksichtigt. Ein Vorratsaufbau im Wald und – wie im Kapitel „Holz wächst an Holz“ beschrieben – eine Erhöhung des Zuwachses und eine Minderung des Risikos ist in der bisherigen forstlichen Betriebswirtschaft nicht vorgesehen. Lediglich die Menge des geernteten Holzes wird nach einer einfachen Gewinn/Verlustrechnung bilanziert. Wer nicht den kompletten Zuwachs an Holz erntet, der lässt nach dieser Vorstellung das Holz im Wald verderben und schädigt den Waldeigentümer. Dieser Ansatz lässt sich relativ einfach korrigieren, wenn auch für den Wald eine klassische Betriebswirtschaftsrechnung angewendet wird, die auch das Anlagevermögen erfasst. Wie dringend hier ein ehrlicher Ansatz notwendig ist, zeigen die Zahlen, die das Thünen-Institut jährlich für das Landwirtschaftsministerium zusammenstellt.[48] Nach den offiziellen Zahlen wird momentan 90 Prozent des jährlichen Holzzuwachses geerntet. 2020 waren das 86 Millionen Kubikmeter Holz. Das Thünen-Institut geht davon aus, dass 80 Prozent des Einschlags gemeldet wurden. 13,6 Millionen Kubikmeter wurden demnach nicht gemeldet, eine durch Rückrechnungen geschätzte Menge. Der Anteil an Schadholz ist in den vergangenen Jahren erschreckend angestiegen und betrug 2020

48 D. Jochem / H.Weimar: *Holzeinschlag und Rohholzverwendung*. Thünen Institut Braunschweig 2023

rund 74 Prozent des geernteten Holzes. Unter „Schadholz“ versteht man das Holz kranker und abgestorbener Bäume, das sich noch verkaufen lässt. Hier schlagen die Dürrejahre der jüngsten Vergangenheit zu Buche, und überdies werden die dabei entstandenen Kahlflächen in den nächsten Jahrzehnten keinen nennenswerten Beitrag zur Holzerntemenge leisten können. Es ist davon auszugehen, dass es auch in der nahen Zukunft zu langanhaltender Dürre kommt und dadurch der überwiegende Teil der Fichtenwälder zugrunde gehen wird. Das entspricht einem Viertel unseres Waldes! Die Holzerntemenge ist von 1995 (rund 48 Millionen Kubikmeter) bis heute (86 Millionen) kontinuierlich angewachsen und das bei zunehmend schlechterem Gesundheitszustand des Waldes. Lediglich Kleinprivatwälder (mit Betriebsgrößen unter 20 Hektar) halten sich bei der Holzernte zurück, aber auch hier fordert die Lobby der Holzerzeuger und Nutzer eine deutliche Erhöhung des Einschlags.[49] Obwohl sich der Zustand der Wälder verschlechtert und die klimatischen Rahmenbedingungen sich schnell verändern, wird die Forstwirtschaft auf eine Art und Weise betrieben, als gäbe es das alles nicht. Steuerlich wird heutzutage eine Katastrophenforstwirtschaft belohnt: Für die Erlöse aus dem Verkauf von Schadholz muss der Waldeigentümer nur den halben Steuersatz entrichten. Ich halte diese Entwicklung für extrem gefährlich. Wir sind dem Punkt nahe, an dem die Holznutzung ein nachhaltiges Maß überschreitet. Nur alle zehn Jahre wird der Waldzustand mittels einer Bundeswaldinventur (BWI) für Politik und Öffentlichkeittransparent gemacht. Die letzte BWI stammt aus den Jahren 2011/12, die Daten der nächsten BWI sind 2021/22 erfasst worden und werden momentan ausgewertet. Wie wir in den Jahren 2018 bis 2022 gesehen haben, kann sich der Waldzustand innerhalb von zehn Jahren stark ändern. Beim Wald muss vorausschauend gehandelt werden, um das Risiko

49 A. Purkas et al.: *Evaluation der Charta für Holz 2.0: Methodische Grundlagen und Evaluationskonzepte*, Thünen-Report 68. Braunschweig 2019

so weit wie möglich zu reduzieren. Das bedeutet beispielsweise, in Jahren mit Wetterextremen den Stress für die Bäume nicht durch intensive Durchforstung und Ernte zu erhöhen, da auf diese Weise das Innenklima der Wälder verschlechtert wird. Die Politik ist gefordert, eine neue, ökologisch nachhaltige Holznutzung zu definieren sowie die Risikominimierung und die dauerhafte Erhaltung das Waldes als oberste Ziele festzulegen, bevor die Waldlebensgemeinschaft Kipppunkte überschreitet. Und diese Art der Holznutzung muss auch in der betriebswirtschaftlichen Bilanz sichtbar werden.

Betriebswirtschaftliche Bilanzierung von weichen Werten

Der Wertzuwachs beim Holz, der die vergangenen drei Jahrzehnten in beiden hier eingehend betrachteten Wäldern mehreren Millionen Euro betrug, ist nicht der einzige Wert, der nicht in der Betriebsbilanz erfasst ist: Was ebenfalls fehlt, sind die Ökosystemdienstleistungen und die Speicherung von CO_2. Während Ökosystemdienstleistungen schwierig zu bilanzieren sind, weil es für sie noch keinen Markt gibt, ist das beim CO_2 anders. Für CO_2-Emission sind von Betrieben und – demnächst – auch von Privatperson Abgaben zu leisten. Denselben Betrag pro CO_2-Einheit müsste, wenn der Handel mit CO_2-Derivaten logisch aufgebaut wird, denjenigen gutgeschrieben werden, die Kohlendioxid aus der Luft einspeichern.

Ungezähmte Wälder erbringen hohe Ökosystemdienstleistungen. Und in keinem anderen Waldwirtschaftsmodell wachsen der lebende Holzvorrat, der Wert des nutzbaren Holzes und die Menge des gespeicherten CO_2 in einem ähnlichen Maß. Sollte in Zukunft die Einlagerung von CO_2 vergütet werden, werden ungezähmte Wälder ihren Eigentümern eine weitere Einnahmequelle erschließen.

Im ungezähmten Wald entfallen viele Arbeiten der klassischen Forstwirtschaft. Der Wert des derzeit wichtigsten Waldprodukts, des Holzes, steigt. Die höhere Stabilität der Waldlebensgemeinschaft reduziert das wirtschaftliche Risiko. Der ungezähmte Wald ist in beiden hier betrachteten Stadtwäldern auch betriebswirtschaftlich ein Erfolg.

Die momentane Forstbetriebswirtschaftsrechnung erfasst nicht die Veränderungen im Holzvorrat, dem Anlagevermögen. Die forstliche Betriebswirtschaftsrechnung muss in diesem Punkt geändert werden, um einen vollständigen Überblick zu gewährleisten.

Der ungezähmte Wald erbringt ein Höchstmaß an Ökosystemdienstleistungen. Seine Leistungen als CO_2-Senke müssen beim Handel mit CO_2-Derivaten vergütet werden.

Zahlen pflastern seinen Weg

Ausgerüstet mit Messgeräten, Papier, Bleistift und Karte gehen wir durch den Wald, stecken alle hundert Meter rot-weiße Pflöcke in die Erde und messen, was sich im Umkreis von neun Metern um diese Pflöcke befindet. Zuerst die alten Bäume: Wir notieren ihre Standorte in Längen- und Breitengraden. Wir geben jedem Baum eine Nummer, messen Stammdicke und Höhe, notieren die Baumart und schätzen den Wert des Holzes. Wir prüfen, ob es in den Bäumen Spechthöhlen oder andere Nist-, Brut- oder Versteckmöglichkeiten für Fledermäuse, Vögel und andere Waldtiere gibt. Nach den Altbäumen sind die Jungbäume an der Reihe, deren Anzahl, Wuchshöhe und Art wir erfassen. Wir untersuchen, ob sie Verbissspuren von Hirschen, Rehen oder Hasen aufweisen, welche Baumarten zusammenstehen und ob die Bäume gesund sind. Dann dokumentieren wir das Totholz auf dem Waldboden und notieren, welche Arten von Gräsern, Kräutern und Moosen dort wachsen. Am Ende haben wir ein genaues Bild des erfassten Waldstücks. Diese Kartierung ist die Grundlage für unsere Arbeit im ungezähmten Wald. Wir messen so viel wie möglich, um Zusammenhänge zu erkennen und Prozesse in der Lebensgemeinschaft Wald zu verstehen. Und wir suchen die Antwort auf die zentrale Frage der Waldbewirtschaftung: Wie viel Holz wächst in einem Jahr nach? Nur wer die Antwort kennt, kann nachhaltig ernten. Niemals mehr Holz zu entnehmen, als nachwächst, ist die unumstößliche Vorgabe in jedem modernen Forstbetrieb. Wie wir bereits gesehen haben, orientiert sich die klassische Forstwirtschaft bei der Frage nach dem Zuwachs eines Wirtschaftswaldes an einem Modellwald, wie ihn die Ertragstafeln verkörpern. Der Wald wird in dieses Modell gepresst, was aber nur bedingt die Wirklichkeit abbildet. Die Mehrzahl unserer Wälder sind Mischwälder aus zwei oder mehr Baumarten. Zum anderen ist das Ertragsniveau in Deutschland nicht einheitlich. Im Westen und Süden wachsen die Bäume klimatisch bedingt stärker als im Norden und Osten. Beides bilden die Modellwälder der Ertragstafeln nicht ab.

Die Festlegung des Holzeinschlags nach dem Ertragstafelmodell beruht auf einer Schätzung. Sie ist genau genug, um die Nachhaltigkeit der Holznutzung im Wald zu gewährleisten, beantwortet aber nicht die Frage, wie genau der Wald wächst.

Im ungezähmten Wald geben wir nicht vor, wie der Wald wachsen soll. Wir überlassen das Wachstum dem unberechenbaren Zufall. Um forstliche Eingriffe oder Holznutzungen planen zu können, versuchen wir, den jeweiligen Ist-Zustand zu erfassen. Wir vergleichen die von uns bewirtschaftete Fläche mit einer Referenzfläche und passen uns den dort festgestellten Entwicklungen an. Dieser Vergleich ist nur auf der Grundlage genauer Zahlen möglich.

Es gibt zwei Möglichkeiten, genaue Daten zu erhalten: Entweder vermessen wir alle Bäume eines Waldes oder nur eine Auswahl und rechnen die Wachstumsdaten mittels statistischer Verfahren hoch. Da die Vermessung aller Bäume überaus zeit-, kosten- und personalaufwändig ist, arbeiten wir meist mit statistischen Verfahren.

Zu diesem Zweck arbeiten wir mit dem in der Schweiz entwickelten Kontrollstichprobenverfahren: Nach dem Zufallsprinzip werden kreisförmige Probeflächen ausgewählt, auf denen die Daten erhoben werden. Hierzu legt man ein Gitternetz über die Waldkarte. Die senkrechten Linien des Gitters verlaufen genau von Nord nach Süd, die waagerechten von West nach Ost. Ihr Abstand voneinander beträgt in der einen Richtung 100 Meter, in der anderen Richtung 200 Meter. Auf den sich kreuzenden Linien liegen die Stichprobenpunkte, und in deren Umkreis werden in einem Radius von neun Metern alle erforderlichen Messdaten erhoben.

Der große Vorteil dieser Methode ist, dass nicht nur die Bäume der Stichprobenpunkte, sondern auch alle möglichen anderen Parameter des Ökosystems, die Aufschluss über die Zusammenhänge in der Waldlebensgemeinschaft geben, erfasst werden.

Bei einer Erstaufnahme wird zunächst der Status quo erfasst. Die Folgeinventuren, die alle zehn Jahre durchgeführt werden, machen die Veränderungen sichtbar: Nach zehn Jahren kann der tatsächliche Holzzuwachs der Bäume berechnet werden, es lässt sich erkennen, ob die Menge an Totholz zunimmt, ob sich die Zahl der ökologisch wertvollen Bäume (solche mit Spechthöhlen, Fledermausquartiere) verändert hat und vieles mehr.

In den Stadtwäldern von Göttingen und Lübeck wird die Methode der Stichprobeninventur seit den 1990er-Jahren angewendet. Für Göttingen liegen bisher zwei Erhebungen vor, bei denen an 764 Stichprobenpunkten 14.500 Bäume einzeln aufgenommen wurden. Im Stadtwald Lübeck wurden drei Inventuren an 2.500 Stichprobenpunkten durchgeführt. Dabei wurden 40.200 Bäume dreimal begutachtet. Je mehr

Inventuren vorliegen, desto aussagekräftiger ist der Informationsgehalt. Die beachtliche Anzahl von Messdaten, die in Göttingen über einen Zeitraum von zwanzig und in Lübeck von dreißig Jahren gewonnen wurden, enthalten klare Aussagen über das tatsächliche Wachstum der Waldbäume und die Beziehungen der Bäume untereinander.

In Göttingen hatte der damalige Stadtförster Walter Früchtenicht bereits 1930 alle Waldbäume mit einem Stammumfang von mehr als sieben Zentimetern vermessen und die Daten nach einem ähnlichen Verfahren wie heute ausgewertet. Früchtenicht veröffentlichte seine Untersuchungsergebnisse unter dem Titel: „In meinem Wald stimmen die Ertragstafeln nicht, mein Wald wächst anders". Die Antwort auf die Frage, warum das so ist, fällt heute viel leichter als zu Früchtenichts Zeiten. Mit sicheren wissenschaftlichen Verfahren lassen sich aus den Messdaten klare Aussagen ableiten, und der Computer bewältigt die Datenflut schnell und ohne gelegentliche Rechenfehler.

Zwischen den Untersuchungen von 1930 und den Methoden des ungezähmten Waldes besteht ein wesentlicher Unterschied: Zur Bewertung der Ergebnisse wird eine vom Menschen unabhängige Größe herangezogen, die Referenzfläche. Diese Waldflächen bleiben frei von menschlichen Eingriffen und zeigen, wohin sich die Natur entwickelt, wenn sie sich selbst überlassen wird. Unser Ansatz geht davon aus, dass die Natur immer nach größtmöglicher Stabilität und Sicherheit strebt. Damit dies auch in den bewirtschafteten Teilen des Waldes zum Ausdruck kommt, haben wir festgelegt, dass deren Messwerte maximal 20 Prozent von den Werten der jeweiligen Referenzfläche abweichen dürfen.

Für die am häufigsten vorkommenden Waldtypen haben wir entsprechende Referenzflächen als Kalibrierflächen festgelegt. Im Lübecker Stadtwald einschließlich des Schattiner Zuschlags gibt es sieben Referenzwälder mit einer Gesamtfläche von 478 Hektar. Im Stadtwald Göttingen sind 108 Hektar, verteilt auf drei Teilflächen, als Referenzflächen ausgewiesen.

Auch nach dreißig Jahren Messungen und Auswertungen können nicht alle Fragen an den Wald abschließend beantwortet werden. Dazu ist der Beobachtungszeitraum noch zu kurz. Möglicherweise werden manche Fragen aufgrund der Komplexität der Lebensgemeinschaft Wald nie beantwortet werden können. Doch die bisherigen Auswertungen geben Früchtenicht recht: Der naturnahe Mischwald wächst und organisiert sich anders als bisher angenommen. Es zeichnen sich erstaunliche Tendenzen ab, die viele bisherige Vorstellungen vom Waldwachstum auf den Kopf stellen.

In den beiden nächsten Kapiteln werden einige der neuen Ergebnisse der Messzahlenauswertung vorgestellt.

Holz wächst an Holz – gedeiht der ungezähmte Wald anders?

Auf einer im Naturkundemuseen ausgestellten Baumscheibe sind Jahresringe mit besonderen Ereignissen markiert: Mozarts Geburtsjahr, Französische Revolution, Napoleonischer Feldzug, Gründung des Deutschen Reiches ... Zu Mozarts Geburtstag hatte der Baum einen Durchmesser von 32 cm, zu Napoleons Zeiten 43 cm und 1871 war der Stamm 56 cm dick.

Ein Baum wächst sein ganzes Leben lang, Jahr für Jahr um einen neuen Ring. Das Wachstum vollzieht sich im Kambium, das ist eine

Gewebeschicht zwischen Holz und Rinde. Im Frühjahr bildet das Kambium großporigeres, weicheres Gewebe aus, im Sommer hingegen engporigeres, härteres. Beides zusammen ergibt einen deutlich erkennbaren Jahresring. Der Baum hat keine Ahnung von Napoleon. Seine Ringe erzählen seine eigene Geschichte, von guten und schlechten Jahren, vom Verhältnis zu seinen Nachbarn und von seiner Stellung im Waldbestand. Davon, ob er seine Krone über das Walddach hinauswachsen lassen konnte, oder ob sie von anderen Bäumen beschattet wurde, von Verletzungen und Krankheiten – all das spiegelt sich in der Struktur und im Aussehen der Jahresringe. Den größten Einfluss im Leben eines Baums hat das Wetter.

Archäologen können bei Holzfunden anhand der Jahresringe verblüffend genau datieren, wann der entsprechende Baum gefällt wurde, und so auf das Alter des Fundes schließen. Da ihre Ausprägung auch von der Baumart und natürlich von den regionalen Witterungsbedingungen abhängt, beziehen sich die Zeitreihen, die als Referenz für diese Altersbestimmung dienen, immer auf eine bestimmte Baumart in einer bestimmten Region. Eine solche Uhr der Jahresringe reicht oft mehrere Jahrtausende zurück und ist in ihrem Bereich sehr genau.

Im Jahresring steckt also der jährliche Zuwachs an Holz. Alle Bäume eines Waldes produzieren pro Jahr einen solchen Ring, und die dabei entstehende Holzmenge, der Zuwachs des Waldes, wird in der Einheit „Kubikmeter pro Jahr“ gemessen, bezogen auf eine bestimmte Fläche (in der Regel ein Hektar). Um diesen Holzzuwachs des Waldes geht es der Forstwirtschaft.

Wie bereits beschrieben, basieren die Ertragstafeln, mit denen die Forstwirtschaft arbeitet, auf Beobachtungen und Messungen in künstlich angelegten Forsten mit nur einer Baumart, also in Plantagen. Demnach hat ein Baum in seiner Kindheit bei kleinem Durchmesser schmale Jahrringe, wächst also langsam. Als „Halbstarker“ – bei Laubbäumen ab einem Alter von zwanzig bis dreißig Jahren – legt er sichtbar zu: die

Jahresringe werden größer. Beim „erwachsenen" Baum, ab einem Alter von ungefähr hundert Jahren, werden die Ringe wieder schmaler, der jährliche Zuwachs verringert sich allmählich. Zudem beeinflusst der herrschenden Lehrmeinung zufolge die Dichte des Baumbestands den Wachstumsverlauf: je mehr Bäume auf einer Fläche, desto intensiver der Kampf um Nährstoffe und Licht und desto geringer der Zuwachs des einzelnen Baumes. Indem der Förster die Anzahl der Bäume verringert, den Wald durchforstet, schafft er, so die allgemeine Auffassung, die Voraussetzungen dafür, dass die verbleibenden Bäume besser wachsen und mehr Holz produzieren. Ein durchforsteter Wald müsste demzufolge also mehr dicke Bäume haben als ein sich selbst überlassener Wald. Soweit die Theorie.

Zuwachs in Buchenwäldern im ungezähmten Wald

Betrachtet man die Buchenbestände des Lübecker Stadtwalds, fällt auf, dass die Stammdurchmesser in den bewirtschafteten und unbewirtschafteten Waldteilen keine erkennbaren Unterschiede aufweisen, obwohl die Dichte, also die Anzahl der Bäume auf einer bestimmten Fläche, variiert. Die Waldinventuren im Zehnjahresabstand ergeben sogar, dass sich die größten Holzvorräte innerhalb der Buchenwälder im Schattiner Zuschlag finden, der weder bewirtschaftet noch gepflegt wird. Mächtige Bäume stehen hier dicht an dicht. Noch interessanter wird es bei der Auswertung des Jahreszuwachses pro Jahr und Hektar. Sowohl in den Buchenwaldteilen als auch in denjenigen Laubwaldteilen, in denen die Buche mit anderen Laubbäumen gemischt wächst, zeigt sich ein Zusammenhang zwischen dem Holzvorrat pro Hektar und dem jährlichen Holzzuwachs: Je größer das bestehende Holzvolumen, desto höher der jährliche Zuwachs. Dies passt so gar nicht zu den landläufigen Lehrmeinungen über das Bestandswachstum und die Dichtetheorie.

Mit anderen Worten: Das Wachstum im ungezähmten Wald entspricht nicht den Theorien der Forstwissenschaft. Die Messungen in den Göttinger Waldbeständen bestätigen den Zusammenhang zwischen hohem Volumenzuwachs und hoher Walddichte: Höhere Holzvorräte führen zu höheren Holzzuwächsen, Holz wächst an Holz – und je mehr lebendes Holz auf der Fläche steht, desto größer ist der Zuwachs.

Gleiches ist auch für die eichengeprägten Wälder Lübecks festzustellen: Die Holzmasse des lebenden Waldes hat einen Einfluss auf die Höhe des Zuwachses, wenn auch in geringerem Ausmaß als dies bei den Buchenwäldern der Fall ist.

Aber auch Bäume wachsen nicht in den Himmel. Dem Holzvorrat der Wälder sind Grenzen gesetzt. Und wir wissen, wo diese Grenzen liegen. Aus der Naturwald- und Urwaldforschung liegen für Mitteleuropa reale Daten zum maximalen Holzvorrat vor. Sie belaufen sich je nach Standort und heimischer Baumart bzw. Waldgesellschaft auf Werte zwischen 450 und über 1000 Kubikmeter pro Hektar. Der Zuwachs wird schwächer, je näher man den jeweiligen Maximalwerten kommt. Aber welche Waldtypen auf der Erde man auch immer betrachtet, das Wachstum hört nie auf. Nicht einmal in alten, ungestörten Urwäldern. Dort ist es bloß sehr gering. Der Holzzuwachs endet erst mit dem Absterben eines Baumes oder bei Störungen von außen, also durch Sturm, Dürre, Feuer und andere Naturereignisse.

Im ungezähmten Wald nimmt der Holzvorrat stetig zu und nähert sich dem natürlichen Vorrat der am jeweiligen Ort heimischen Urwaldform an. Zwischen der Zunahme des Holzvorrats und einer Erhöhung des Jahreszuwachses an Holz besteht ein eindeutiger Zusammenhang. In den Stadtwäldern von Göttingen und Lübeck wurde ein Mehrzuwachs von bis zu 40 Prozent gemessen.

Die Zunahme des Holzvorrats in unseren Wäldern sowie ein beschleunigter jährlicher Zuwachs sind bedeutend für den Beitrag des Waldes zum Klimaschutz: Unsere Wälder wären in der Lage, im lebenden Holz mehr als doppelt so viel CO_2 zu speichern wie heute. Durch den Mehrzuwachs an Holz, wie ihn Wälder mit großem Holzvorrat ermöglichen, würde sich die CO_2-Speicherung deutlich beschleunigt.

Aus Sicht der Holzerzeugung sind diese Ergebnisse so revolutionär wie hoffnungsvoll: Auch wenn Habitatbäume geschont und nicht mehr geerntet werden und in den Referenzflächen keine Holzernte mehr stattfindet, wird das kaum Auswirkung auf die langfristig zur Verfügung stehende Holzerntemenge haben. Das im ungezähmten Wald geerntete Holz mit seinen größeren Dimensionen ist besser für langfristig haltbare Produkte geeignet.

Holz wächst nur an Holz – ein unschlagbarer Vorteil des ungezähmten Waldes.

Lange Kerls mit stattlichen Dimensionen – wie wächst ein Baum im ungezähmten Wald?

Einzelnstehende Bäume in der Feldflur, in einem Park oder am eigenen Haus haben mitunter ein gänzlich anderes Erscheinungsbild als die Bäume im Wald. Bei einem Einzelbaum verzweigen sich die Äste bereits in geringer Höhe. Die Krone ist dicht und breit. Laub verdeckt den Stamm. Der Artgenosse im Wald ist wesentlich höher als sein Freilandpendant und seine Krone beginnt erst im oberen Drittel des Stammes. Sie ist zudem viel weniger ausladend, denn der Waldbaum muss auf seine Nachbarn Rücksicht nehmen. Der Stamm des Feldbaums ist nicht nur kürzer ist, sondern hat auch eine andere Stammform: Unten ist er breit, er verjüngt sich nach oben hin, und seine Form erinnert an einen Kegel. Da er ganz allein Wind und Wetter trotzen muss, ist es gut, wenn der Schwerpunkt möglichst tief liegt. Der Stamm eines Waldbaumes ähnelt eher der Form einer Apollo-Mondrakete: er konkurriert mit seinen Artgenossen um das Licht im Kronenraum, und da ist derjenige am besten dran, der seinen Wipfel ein wenig über die anderen ragen lässt. Stürmen trotzt er, indem er mit seinen Nachbarn ein geschlossenes Kronendach bildet, über das der Wind hinwegstreicht.

Der Einfluss von Durchforstung auf das Baumwachstum

Bäume haben aber nicht nur unterschiedliche Wuchsformen, je nachdem, ob sie allein oder in Gruppen im Wald zusammenstehen. Es gibt auch Wachstumsunterschiede zwischen den Exemplaren eines durchforsteten Wirtschaftswalds und eines ungezähmten Naturwalds.

Die Durchforstung des Waldes gilt als die zentrale Aufgabe der Waldpflege. Die Theorie dahinter ist einfach: In jedem Wald gibt es Bäume mit besserer und solche mit schlechterer Holzqualität. Bei der Durchforstung hilft man den besseren Bäumen, indem man die schlechteren entfernt, die die besseren in ihrem Wachstum behindern. Die besseren Bäume bekommen auf diese Weise mehr Platz und reagieren darauf, indem sie größere Kronen ausbilden und infolgedessen auch einen stärkeren Stamm. Das Durchforsten gilt als die hohe Kunst der Förster und ist ein Qualitätsmerkmal bei der Ausübung seines Berufs. Als Symbol der Durchforstung gilt der Reißhaken, das Instrument, mit dem die zu fällenden Bäume markiert werden. Die Bedeutung, die der Durchforstung zugeschrieben wird, bekam ich als junger Försteranwärter demonstriert, als mir ein pensionierter erfahrener Berufskollege seinen Reißhaken weiterreichte und mir den weisen Rat mit auf den Weg gab, ihn immer so einsetzen, dass der Holz- und damit der Wertzuwachs des Waldes verbessert wird!

Die Durchforstung als zentrale Maßnahme wird im Studium in den forstwissenschaftlichen Kernfächern „Waldbau" und „Ertragskunde" behandelt. Auch ich habe jahrelang gewissenhaft den Reißhaken angesetzt, um meine Wälder zu verbessern, um den Zuwachs an wertvollem Holz zu fördern und den wirtschaftlichen Wert des Waldes zu steigern. Damit habe ich eine forstliche Grundregel befolgt, deren Sinn nie angezweifelt wurde. In den letzten 100 Jahren hat man sich lediglich mit verschiedenen Durchforstungsarten und ihrer Wirkung beschäftigt. Die Notwendigkeit der Durchforstung an sich stand außer Frage.

In diesem Sinne handelten die Förster als „Waldverbesserer", und die von ihnen gepflegten Wälder schienen dieser Methode ja auch Recht zu geben: Die besseren Bäume reagierten positiv, indem sie Stämme mit größerem Durchmesser bildeten.

Aber stimmt das denn wirklich? Die Beobachtungen im Schattiner Zuschlag stellten die forstliche Lehrmeinung in Frage. In dem zum Teil über 80 Jahre lang „ungepflegten" Wald standen mehr dicke Bäume bester Qualität als im gepflegten Wald, obwohl niemand für die guten Bäumen mittels Durchforstung Platz gemacht hatte. Die Holzmasse und die Dichte des Waldes strafen die bisherige Praxis Lügen.

Wie machen die Bäume das, worauf reagieren sie und was bedeutet das konkret für die Förderung – oder Nichtförderung – einzelner Wertbäume?

Der Vergleich des bewirtschafteten Teils des Lübecker Stadtwalds mit dem unbewirtschafteten Schattiner Zuschlag zeigt, dass die Baumhöhe bei intensiver Durchforstung gut messbar abnimmt. Zwar sind die Stämme im unteren Bereich tatsächlich dicker, sie verjüngen sich jedoch zur Krone hin schneller als diejenigen des sich selbst überlassenen, undurchforsteten Waldes. Das bedeutet, dass der wertvolle Teil des Stammes bei Bäumen aus einem durchforsteten Wald kürzer ist und eine geringere Masse hat als die Stämme der Vergleichsbäume im undurchforsteten Wald.

Das Höhenwachstum eines Baumes wird durch äußere Umstände beeinflusst. Am wichtigsten ist der Waldstandort, der sich durch die Bodenqualität und das Klima auszeichnet. Dieser Zusammenhang ist so evident, dass in den Tabellenwerken der klassischen Forstwirtschaft Alter und Höhe zur Bestimmung der Waldgüte herangezogen werden. Weitere Einflussfaktoren sind die Intensität und die Häufigkeit der Durchforstungen.

Bislang waren die Ermittlung der genauen Baumhöhen und eine detaillierte Vermessung von Baumkronen sowie die Erfassung anderer Merkmale der Baumarchitektur aufwendig und schwierig. Seit einiger Zeit jedoch sind Laserscanner in der Lage, derartige Daten rasch zu erfassen. Seit 2013 werden sie bei Waldinventuren eingesetzt. Prof. Dr. Goddert von Oheimb von der Universität Dresden untersuchte im Lübecker Stadtwald mit Lascerscannern, wie sich Durchforstungen auf das Höhenwachstum und die Baumarchitektur von 120-jährigen Buchen auswirken.[50]

Er kam zu dem Ergebnis, dass die Buchen auf den seit 70 Jahren unbewirtschafteten Flächen im Schnitt 37,2 m hoch sind. Buchen aus den durchforsteten Beständen hingegen erreichen nur 31,2 m Höhe, sind also im Schnitt um 6,1 m kürzer. Beim Stammdurchmesser, der in 1,3 m Höhe über dem Boden gemessen wird, sieht es auf den ersten Blick anders aus: Die Bäume aus durchforsteten Beständen sind in dieser Höhe 2,5 cm dicker als die aus undurchforsteten (56,1 cm zu

50 L. Georgi et al.: *Long-term abandonment of forest management has a strong impact on tree morphology and wood volume allocation pattern of European beech* (Fagus sylvatica L.*).* Forests 9 (11), 2018

53,6 cm). Deren Stamm ist jedoch wesentlich länger und hat dabei die Form einer graden Säule. Erst bei 23,4 m fängt bei ihm die Krone an, und der Stammdurchmesser hat sich in dieser Höhe kaum reduziert. Sein Kollege aus dem durchforsteten Wald bildet bis zu den ersten Kronenästen nur eine Stammlänge von 13,9 m aus, ist also 9,5 m niedriger. Der „ungepflegte" Baumstamm hat wertvolles astfreies Stammholz im Volumen von 3,6 Kubikmetern, sein „gepflegter" Artgenosse weist hingegen nur 2,4 Kubikmeter auf. Die nicht gepflegten Buchen des Schattiner Zuschlags liefern also 1,2 Kubikmeter mehr Stammholz als die gepflegten. Da das Stammholz den höchsten Holzwert eines Baumes ausmacht, bedeutet das: Die Investition in die Pflege der Bäume hat ihren Wert nicht nur nicht gesteigert, sondern sogar verringert. Ein krasses Ergebnis!

Durch die Durchforstung soll sich die Krone eines geförderten Baumes vergrößern, was sie auch tut. Die Baumkrone ist mit ihren Blättern der Motor der Holzproduktion. Je größer die Krone, desto mehr Blätter sorgen via Photosynthese für schnelleres Wachstum. Eine große Krone braucht jedoch schon für ihre eigene Erhaltung viele Nährstoffe, in der Krone werden viele Blätter beschattet und sind damit weniger produktiv. Breiter bedeutet nicht effizienter. Schlankere Kronen, wie die Bäume des ungepflegten Schattiner Zuschlags sie haben, sind anscheinend viel „athletischer" und effizienter.

Als Ergebnis dieser Untersuchungen kann man Folgendes feststellen:

- Mit zunehmender Bewirtschaftungsintensität und zunehmender Durchforstungsstärke nehmen der Holzzuwachs und der Holzwert der untersuchten Buchen ab.
- Eine geringere Intensität der Bewirtschaftung fördert die Ausbildung eines höheren Stammholzvolumens mit besserer Holzqualität.
- Bei intensiverer Bewirtschaftung nimmt die Krone an Volumen zu. Eine größere Krone ist jedoch nicht ohne Weiteres eine

leistungsfähigere Krone, weil Überlappungen von Ästen zu geringerer Effizienz in der Energiegewinnung führen können.

Die Untersuchungen wurden in Lübeck vorwiegend in Buchenbeständen durchgeführt. Ähnliches scheint aber auch für die Eichen zu gelten. Die Eiche wächst in den Lübecker Wäldern als Mischbaumart in Buchen- und Edellaubholzbeständen. Da sie von den Förstern als konkurrenzschwach eingestuft wurde, wurde sie bei Durchforstungen konsequent gefördert und vor konkurrenzstärkeren Baumarten geschützt. In den Lübecker Laubmischwäldern scheint sie mit den anderen Baumarten gut zurechtzukommen. Sie zeigt eine erstaunliche Flexibilität und Anpassungsfähigkeit, die man ihr normalerweise gar nicht zutraut.

Im ungezähmten Wald wachsen die Bäume anders als im durchforsteten. Sie werden zu „Langen Kerls“, erreichen eine größere Höhe und bilden durch eine effiziente Krone mehr wertvolles Stammholz – es entstehen längere und gleichmäßig dicke Stämme. Die besten wirtschaftlichen Ergebnisse werden im ungezähmten Wald offensichtlich dann erzielt, wenn das Wachstum des einzelnen Baumes möglichst wenig durch menschliche Einflüsse gestört wird. Die Messergebnisse geben daher Anlass, die bisherigen Grundsätze der Waldbewirtschaftung in Frage zu stellen und neu zu durchdenken.

Ausblick

Störung erwünscht, *Zer*störung nicht

„So vergeht Jahr um Jahr und es ist mir längst klar, dass nichts bleibt, wie es war", lautet der Text eines Liedes von Hannes Wader. Buddhisten malen diese Erfahrung als „Lebensrad" an die Wände ihrer Tempel – die konstante Veränderung als Grundprinzip des Lebens. Ohne sie wäre eine Anpassung an neue Umweltbedingungen und an die Fortentwicklung des Lebens gar nicht möglich. Nach Darwins Evolutionstheorie setzen sich diejenigen Lebewesen durch, die sich der jeweiligen Situation am besten anpassen können. Damit dieser Motor nicht zum Stillstand kommt, braucht es geradezu Veränderung.

Die einfachste Form der Veränderung ist die Generationenfolge: Leben stirbt, neues Leben tritt an seine Stelle und hat sich dabei zugleich ein wenig verändert. Wer das Familienalbum durchblättert, erkennt Verwandtschaftsähnlichkeiten, aber keiner gleicht einem anderen aufs Haar (eineiige Zwillinge ausgenommen). So ist es auch bei der Lebensgemeinschaft Wald. Die Zuordnung zu bestimmten „Waldgesellschaften" impliziert die Existenz fester Kategorien, die Bezeichnung „Optimalphase" suggeriert, dass es Endstufen in der Waldentwicklung gibt. Beides ist so nicht richtig. Wie alles Leben auf der Erde versuchen sich auch die Lebensgemeinschaften des Waldes stets an die herrschenden Bedingungen anzupassen. Dadurch entsteht eine hohe Individualität mit unendlichen Variationen. Die Auslöser dieser Vielfalt an Varianten sind auch hier Veränderungen und Störungen. Herbststürme, Sommergewitter, Blitzeinschläge, Trockenheit und Überschwemmungen, Lawinen und Muren sind natürliche Vorgänge, die großflächige Störungen verursachen.

Das Absterben eines einzelnen Baums ist eine relativ kleine Störung. Hat ein Baum eine gewisse Größe, ist er alt und bricht er eines Tages zusammen, entsteht eine Lücke im Waldkronendach. Durch diese Lücke, fachsprachlich „Gap" genannt, dringen Licht und Wärme bis auf den Waldboden vor, was die Verjüngung des Waldes durch die nächste Baumgeneration antreibt. Die Größe der Kronendachlücken und die Intensität des Lichteinfalls bedingen die Keim- und Wuchsmöglichkeiten für die Baumarten der nächsten Generation. Ein größerer Gap bringt mehr Licht und Wärme und begünstigt damit den Wuchs von Eiche, Esche, Ahorn und lichtliebenden Nadelbaumarten. Kleinere Löcher lassen den Waldboden im Halbdunkel, was Buche und Tanne lieben. Die unterschiedlichen Lichtbedingungen fördern aber nicht nur die Baumarten, sie haben auch Einfluss auf Waldbodenpflanzen, Pilze, Insekten und Vögel, die diese neue Situation für sich nutzen. Durch die veränderten Bedingungen verschwinden Arten und andere kommen hinzu. So entstehen neue

Lebensgemeinschaften. All das ist temporär, denn wenn sich die Bedingungen in dem Gap ändern, wenn die neue Baumgeneration den Waldboden beschattet, ziehen Vögel, Insekten und auch Pflanzen weiter und lassen sich in einem neuen Gap nieder.

Alles bleibt in ständiger Bewegung. Bei großen Störungen, wie wir sie in den letzten Jahren durch Sturm und Dürre erlebt haben, sind die Änderungen dramatisch: Großflächig umgeworfene Fichtenmonokulturen und deren absterbendes Holz lockte Borkenkäfer an. Deren Aufgabe ist es indes, die Rinde von den Bäumen zu lösen und das Totholz für holzzersetzende Pilze und Insekten aufzubereiten. Borkenkäfer vermehren sich rasend schnell, und schon nach wenigen Wochen fliegen die Käfer nicht nur an die abgestorbenen Fichten, sondern probieren ihr Glück auch bei gesunden Bäumen.

Die Sturmschäden verändern das Waldinnenklima, es ist trockener und wärmer als bisher, was auch die gesunden Fichten unter Stress setzt. Vereinzelte Angriffe der Borkenkäfer kann eine Fichte abwehren, indem sie die Käfer mit Harz erstickt. Werden es zu viele, geht dem Baum im wörtlichen Sinne irgendwann der Saft aus. Er hat nicht mehr genügend Harz, um sich zu wehren, die Käfer dringen in die Rinde ein, zerstören das Kambium und töten den Baum ab. Über 200.000 Hektar Fichtenwald wurden zwischen 2019 und 2023 umgeworfen oder vom Borkenkäfer abgetötet. Die Arbeit vieler Jahre wurde innerhalb kürzester Zeit zerstört, eine ökonomische Katastrophe.

Für den Wald jedoch bedeutet dies nur eine Störung und einen Aufbruch in eine neue Zeit mit besser angepassten Waldgesellschaften. Denn die Fichtenforste, die hierzulande nach dem Krieg gepflanzt wurden und zu ihrer Zeit durchaus sinnvoll waren, um nach Zerstörung und Reparationshieben möglich schnell wieder neuen Wald aufzubauen, waren auf den meisten Flächen nicht heimisch. Und die Reinbestände – alle Bäume gleich alt und gleich hoch – sind wie geschildert besonders anfällig für Stürme.

Bereits ein Jahr nach der Katastrophe regt sich jedoch neues Leben unter den abgestorbenen Fichten. Pflanzen, die in dunklen Fichtenschonungen nicht gedeihen, tauchen wieder auf und schützen den Boden vor direkter Sonneneinstrahlung. Weidenrösschen, Holunder, Brombeere, Brennnessel – in atemberaubend kurzer Zeit zeigt sich die Fläche wieder grün. Spechte folgen dem reichhaltigen Nahrungsangebot in den abgestorbenen Bäumen. Baumpieper, die den Randbereich zwischen altem Wald und Freifläche lieben, lassen ihr Lied erklingen und sich beim Balzflug beobachten. Bereits nach wenigen Jahren entsteht ein neuer, junger Wald. Er sieht völlig anders aus als die Fichtenplantage. Die ersten Baumarten, die sich eingefunden haben, sind Weide, Birke oder Vogelbeere. Sie haben eine relativ kurze Lebensdauer. Andere Arten wie die Eiche kommen, um zu bleiben. Sie werden den neuen Wald über Jahrhunderte begleiten. Und in der gesamten Entwicklung des neuen Waldes steckt die Erfahrung der Dürrejahre, die seine Entstehung initiiert haben.

Das Ergebnis vieler kleiner, mittlerer und großer natürlicher Störungen in einem ungezähmten Wald ist ein Mosaik aus vielen unterschiedlichen Flächen. Das macht den Wald wesentlich weniger anfällig und stabiler als den vom Menschen aufgebauten, einheitlichen Wirtschaftswald. Er ist zudem viel artenreicher, da jede Anpassungs- und Entwicklungsphase ihre eigene Pflanzen-, Tier- und Pilzzusammensetzung hat. Zeichnet sich der Wirtschaftswald durch große, einheitliche Flächen, geschlossene Kronendächer und klare Begrenzungen aus, so wirkt der ungezähmte Naturwald wie ein Flickenteppich mit kleineren und größeren Löchern. Mit der Zähmung der Wälder sind viele Lebensräume verschwunden, Tiere und Pflanzen sind auf – menschgemachte – Sekundärbiotope ausgewichen, die wir heute liebevoll und aufwendig als Naturschutzgebiete pflegen.

Während wir aus menschlicher Sicht natürliche Störungen wie Überschwemmungen und Stürme, Brand und Dürre als Katastrophen erleben und einstufen, haben wir für die Störungen und

Zerstörungen in der Natur, die wir Menschen anrichten, kein Empfinden. Was wir bei der klassischen Waldbewirtschaftung tun, lässt sich in einigen Teilen noch unter dem Begriff „menschgemachte Störung“ zusammenfassen, in anderen Teilen handelt es sich tatsächlich aber um die Zerstörung der natürlichen Kreisläufe.

Eine Ernte einzelner alter, dicker Bäume hat einen ähnlichen Effekt wie das Absterben und Zusammenbrechen alter Exemplare im nichtbewirtschafteten Wald, ahmt also im Grunde eine natürliche Störung nach. Diese schonende Form der Holzentnahme wird in den Stadtwäldern von Göttingen und Lübeck, aber auch in anderen naturnah arbeitenden Forstbetrieben erfolgreich praktiziert. Flächige Durchforstungen hingegen, wie sie in fast allen Forstbetrieben die Regel sind, sind unnatürliche Störungen: Der Wald wird gleichmäßig aufgelichtet, der Baumbestand homogenisiert, das Holzvolumen abgesenkt. Jede Durchforstung macht den Wald zumindest vorübergehend instabiler. In dem auf großer Fläche gleichförmigen Wald finden viel weniger Vogelarten einen Lebensraum. Wir klassifizieren diese Vögel als „Waldvögel“ und vergessen dabei, dass andere Arten nur deswegen nicht mehr im Wald zu finden sind, weil die Kleinstrukturen der natürlichen Störungen fehlen. Der auf maximalen Holzertrag optimierte Wirtschaftswald ist insgesamt wesentlich artenärmer als ein vielfältig strukturierter, ungezähmter Wald. Wälder, in denen nicht-heimische Baumarten oder Exoten angepflanzt werden, fallen ganz aus dem Schema der heimischen Waldlebensgemeinschaften heraus. Das lässt sich meines Erachtens als Naturzerstörung klassifizieren.

Bereits die Erschließung der Wälder durch Wege stellt eine massive Störung dar: Für einige Laufkäferarten sind befestigte Waldwege nahezu unüberwindbare Hindernisse. Eine Bewirtschaftung der Wälder ohne befestigte Wege ist nicht möglich, aber diese werden heute so gebaut, dass 40-Tonner auf ihnen fahren können.

Zerstörungen richten nicht zuletzt die Maschinenwege an, die im Abstand von 20 Metern die Wälder durchschneiden. Diese neuen

Wege sind notwendig für die Vollerntemaschinen, die seit etwa Mitte der 1990er-Jahre zum Einsatz kommen und die Waldarbeit auch hierzulande verändert haben. Sie verursachen große Schäden an der Bodenlebewelt (vgl. Kapitel „Waldboden“). Aus diesem Grund sind Vollerntemaschinen im ungezähmten Wald von Göttingen und Lübeck verboten, und der Abstand der Maschinenwege ist so weit wie möglich vergrößert worden.

Ein massiver Eingriff in die Anpassungsfähigkeit des Waldes sind auch die Holzernte und die Anlage neuer Forstkulturen auf den 200.000 Hektar Fläche, die vor 2019 von heute abgestorbenen Fichtenwäldern bedeckt waren. Abgestorbene Fichten sind für den Borkenkäfer kein Lebensraum mehr. Von ihm geht deswegen keine Gefahr für benachbarte gesunde Fichtenwälder mehr aus. Bleiben die toten Fichten aber noch einige Jahre stehen, schützen sie den Waldboden: Sie spenden Schatten und reduzieren dadurch die Bodentemperatur. Stattdessen aber wurden die Bäume vielerorts schnellstmöglich geerntet und von den Flächen geräumt. Dabei ist so viel Holz auf einmal auf den Markt gekommen, dass die Holzpreise abstürzten. In vielen Fällen haben die Einnahmen aus dem Holzverkauf nicht einmal die Erntekosten gedeckt. Etliche Waldbesitzer haben die Kronenreste mit Großmaschinen zusammengeschoben, damit die geräumten Areale einfacher aufgeforstet werden konnten. Das hat den ungewünschten Effekt, dass der Boden dem vollen Sonnenlicht ausgesetzt ist, der Humus sich durch die Wärme zersetzt, worauf die Nährstoffe ins Grundwasser gelangen und den Pflanzen nicht mehr zur Verfügung stehen. Die Temperatur an der Bodenoberfläche erreicht an heißen Sommertagen 50 Grad, das sind fast schon wüstenähnliche Bedingungen. Die neu gepflanzten Bäumchen braten in der Sonne, und viele überleben diese Phase nicht. In einigen Fällen wurde versucht, die so geräumten Flächen mit „klimaangepassten“ Baumarten zu bepflanzen. Statt auf Anpassung durch die Natur mit einheimischen Bäumen zu setzen, wird mit außereuropäischen Baumarten experimentiert, die völlig anderen Waldökosystemen entstammen.

Die mit Großgerät zu Wällen zusammengeschobenen Baumreste bilden ideale Lebensbedingungen für Waldmäuse, die den Stress für die neu gepflanzten Bäume erhöhen. So wird die Chance für das Entstehen neuer, besser an die veränderten Bedingungen angepasster natürlicher Wälder leicht vertan.

Aufforstungen dieser Art wurden mit Bundesmitteln von ca. einer Milliarde Euro finanziert. Ein großer Teil der neuen Setzlinge ist durch die folgenden Extremsommer bereits wieder eingegangen. Das ist nicht die schlechteste Nachricht. Vielleicht entsteht so eine zweite Chance für eine natürlich Anpassung.

Schleichend, unbemerkt und immer schneller verändern wir unsere Landschaft. Die Auswirkungen auf Natur und Wald sind den meisten gar nicht bewusst, und im Gegensatz zu den natürlichen Störungen empfinden wir die damit verbundenen Zerstörungen nicht als Katastrophe. Die moderne Landwirtschaft benötigt große Flächeneinheiten. Auch in unseren Mittelgebirgslandschaften werden die Felder immer größer. Kleinstrukturen wie Hecken, Brachland, alte Obstwiesen oder Bauminseln werden durch „Ausgleichsmaßnahmen" kompensiert (wenn sie nicht sang und klanglos verschwinden). Aber ein paar Bäume mit alten Obstsorten an Feldwegen, versehen mit Erklärtafeln, oder eine Streuobstwiese mit frisch gepflanzten jungen Bäumen sind eher Alibi und dienen der Gewissensberuhigung, können aber den Verlust nicht ersetzen. Ein Acker mit einer Grundfläche von 100 mal 100 Metern ist für viele Tiere ein unüberwindbares Hindernis und unvereinbar mit den Ansprüchen, die Feldvögel an ihren den Lebensraum haben.. Der Rückgang gerade unserer Feldvogelarten ist besorgniserregend. Die häufigste Feldfrucht, der Weizen, wird inzwischen so dicht gepflanzt, dass selbst der Feldhase ein Weizenfeld nicht mehr durchqueren kann und auf die Spuren angewiesen ist, die durch die Befahrung beim Spritzen entstehen. Die Biodiversität, zu deren Erhaltung sich Deutschland international verpflichtet hat, ist nur noch in den Gärten, Friedhöfen und Grünanlagen der Wohnsiedlungen hoch. Die 50 Hektar Land, die in Deutschland täglich (!) zu Straßen, Bahnlinien, Verteilzentren oder Häusern werden, gehen der Natur dauerhaft verloren. Innerhalb von anderthalb Monaten verschwindet auf diese Weise die Fläche des Stadtwalds Göttingen unter Beton und Asphalt. Und innerhalb eines Jahres entspricht das annähernd der Größe des Reinhardswaldes, mit 180 Quadratkilometern eine der größten zusammenhängenden Waldflächen Deutschlands.

Die Bedeutung des Waldes für die Erhaltung der Biodiversität wächst mit den Veränderungen außerhalb des Waldes stetig. Derzeit werden rund 51 Prozent der Fläche Deutschlands landwirtschaftlich genutzt. Der Waldanteil beträgt 31 Prozent. Die einzelnen Waldteile sind unterschiedlich groß und von Landwirtschafts- und Siedlungsflächen sowie Verkehrswegen umgeben.

Nicht nur die intensiv bewirtschafteten landwirtschaftlichen Flächen, sondern auch die Verkehrsadern sind unüberwindbare Barrieren für die meisten Tiere. Die Zerschneidung größerer und kleinerer Wälder durch Autobahnen, Straßen, Bahntrassen und Stromleitungen wird von den Bauplanern in Kauf genommen, weil im Wald im Gegensatz zur übrigen freien Landschaft nur wenige Grundeigentümer zu berücksichtigen sind. Eine neue Trasse, die durch einen Wald verläuft, teilt ihn in zwei Hälften, und die dafür in Anspruch genommenen Fläche erscheint auf den ersten Blick gering. Durch die entlang der Trasse entstandenen Randeffekte wird der Ruhebereich des Waldes jedoch bis auf ein Viertel der vorherigen Fläche reduziert.

Intensive Landwirtschaft und Verkehrsadern machen die Wälder zu Biodiversitätsinseln in einer lebensfeindlichen Umgebung. Je nach Größe der Waldinseln und dem Abstand der Inseln zueinander, werden sie zu Zufluchtsorten für Pflanzen und Tiere – oder auch, wenn sie zu klein sind und der Abstand zur nächsten Waldinsel zu groß ist, zu Fallen, aus denen sie nicht mehr ausbrechen können. Ist ein Ein- und Auswandern aus den Waldflächen nicht mehr möglich, wird der genetische Austausch der einzelnen Tierpopulationen unterbrochen.

Die Wildbrücken, die heute gebaut werden, sind deswegen keine Geldverschwendung, sondern ein Versuch, neue Verbindungen zwischen den Waldinseln zu schaffen. Aber Brücken allein werden nicht reichen; sie müssen ergänzt werden durch Verbindungsgehölze und Brachflächen in der Landwirtschaft, die es den Tieren und Pflanzen ermöglichen, auf Wanderschaft zu gehen, neue Reviere zu gründen und sich zu vermischen.

Störungen sind wichtig, weil sie Anpassungen bewirken. Durch natürliche Störungen und Anpassungen entsteht eine Vielzahl unterschiedlicher Lebensgemeinschaften. Biodiversität bedeutet Stabilität. Im ungezähmten Wald finden langfristig viel mehr Tiere, Pflanzen und Pilze einen Lebensraum als im herkömmlich bewirtschafteten Forst. Bedingt durch immer wärmere und trocknere Sommer sind vermehrt großflächige Störungen durch Sturm, Dürre, Waldbrände und nachfolgenden Insektenfraß zu erwarten. Der ungezähmte Wald ist gegenüber diesen Störungen weniger anfällig. Wenn sich in ihm doch welche ereignen, nutzt er sie, um sich besser an neue Bedingungen anzupassen (beispielsweise an neue klimatische Bedingungen).

Zerstörungen verhindern Anpassungen an neue Bedingungen. Der enorme Flächenverbrauch für Verkehr, Wohnen und Industrie sowie die Zerschneidung von Landschaftsteilen gefährden die Biodiversität. Waldinseln in einer ansonsten ausgeräumten, naturfernen Landschaft müssen vernetzt werden, damit Austausch und Anpassungsfähigkeit erhalten bleiben. Wildbrücken, natürliche Korridore durch die landwirtschaftlichen Flächen und die Erhaltung und Schaffung neuer Kleinstrukturen in der freien Landschaft sind notwendige Schritte, um die Biodiversität zu stärken und dauerhaft zu erhalten.

Mitmachen erwünscht – Aufruf an Politik und Waldbesitzer

Lange Dürreperioden, heiße Sommer, geänderte Niederschlagsverteilung, Bewahrung der Biodiversität, Sicherung von Naturräumen und Wildnisgebieten – wie soll man bei diesen Veränderungen und neuen Ansprüchen noch Holz bereitstellen können? Und Holz wird immer wichtiger, sei es als alternativer Baustoff, als Ersatz für Plastik oder als nachwachsender Energielieferant. Mittlerweile leben acht Milliarden Menschen auf unserem Planeten, die Ressourcen werden knapper, es gibt Verteilungsprobleme, nicht zuletzt beim Holz. Die

Preise explodieren. So mancher Häuslebauer hat verzweifelt aufgegeben, weil die Kosten für den Dachstuhl sein Budget überschritten haben.

30 Prozent der Landesfläche soll nach dem Willen der internationalen Gemeinschaft in Zukunft der Natur überlassen bleiben. Das klingt wunderbar, aber was geschieht auf den verbleibenden 70 Prozent? Noch intensivere Nutzung, noch weniger Rücksicht auf Natur, Biodiversität und Artenschutz?

Die Antwort, meine ich, kann doch nur sein, dass wir bei *jeglicher* Art der Landnutzung den Schutz von Naturräumen, die Erhaltung und Förderung der Biodiversität und die Klima- und Umweltziele im Blick behalten und einbeziehen. Und zwar als vorrangiges Ziel, nicht als angenehmen Begleiteffekt. Dieses Ziel muss dringend in die Land- und Forstwirtschaft integrieren werden.

Mit der Umsetzung des ungezähmten Wald*es* haben Göttingen und Lübeck neue Wege beschritten. Dass es ausgerechnet Städte und Kommunen sind, die dies wagen, ist wenig überraschend. Gerade bei der städtischen Bevölkerung ist der Wunsch nach einem verantwortlichen Umgang mit der Natur groß, und die basisdemokratische Verfassung unserer Städte ermöglicht es jedem Einzelnen, mitzugestalten und zu entscheiden, was in seiner Stadt geschehen soll. Folgerichtig waren es waldbesitzende Städte, die nach der UN-Umweltkonferenz in Rio de Janeiro 1992 die Idee eines Holzzertifikates vorangetrieben haben. Mit dem Naturlandzertifikat schufen sie in Deutschland die erste Holzkennzeichnung, die ökologisch nachhaltig erzeugtes Holz erkennbar macht und in diesem Sinne bis heute am konsequentesten die Waldbewirtschaftung regelt.

Göttingen und Lübeck besitzen zusammen rund 8.000 Hektar Wald. Das klingt viel, ist aber doch wenig, wenn man bedenkt, dass es sich lediglich um vereinzelte, unverbundene Inseln handelt. Um durch Austausch die genetische Vielfalt zu gewährleisten, müssten diese Inseln miteinander in Kontakt stehen. Die Vernetzung natürlicher Lebensräume ist übrigens für die gesamte Lebensgemeinschaft Wald ein wichtiges Thema, für Bäume ebenso wie für Insekten, Vögel und die meisten anderen Arten.[51]

Glücklicherweise sind Göttingen und Lübeck nicht die einzigen Städte, die ihr Waldkonzept umgestellt haben oder umstellen wollen. Die Gemeinde Quierschied im Saarland ist seit über 30 Jahre auf diesem Weg, die Stadt Meinigen in Thüringen seit 2022. Weitere Großstädte diskutieren derzeit über den Zustand und die zukünftige Ausrichtung ihrer Wälder. Mein Wunsch an dieser Stelle: Haben Sie den Mut, Ihren Wald aus dem Korsett des bewirtschafteten Altersklassenwaldes zu entlassen, wagen Sie mehr Wildnis! Machen sie mit beim einem Verbundnetz zum Schutz der Biodiversität, je enger geknüpft, desto besser – und profitieren Sie langfristig von den Vorteilen des ungezähmten Waldes, angefangen von der erlebnisreichen Natur für die Bürger bis zu dem guten Gefühl, einen aktiven Beitrag zur Erreichung der Klimaziele geleistet zu haben.

Leider besitzen nicht alle Städte und Gemeinden eigenen Wald. Würden nur die Forstbesitzer unter ihnen ihre Waldbewirtschaftung auf verantwortungsvolle ökologische Holznutzung umstellen, wäre das zu wenig. Die größten zusammenhängenden Waldflächen sind im Besitz der Länder und des Bundes. Ähnlich wie Post und Bahn sind um die Jahrtausendwende auch fast alle Landesforstverwaltung neu organisiert und darauf ausgerichtet worden, möglichst viel Geld aus dem Wald zu erwirtschaften und in die chronisch klammen Landeskassen zu spülen. So gibt etwa die bis dahin geradezu vorbildlich arbeitende Landesforstverwaltung Niedersachsen derzeit eindeutig der Holzerzeugung den Vorrang vor Natur- und Artenschutz. Kann dies aber wirklich das Hauptziel des öffentlichen Waldes sein?

Wozu und für wen ist der Wald eigentlich da?

51 vgl. Peter Berthold: *Unsere Vögel. Warum wir sie brauchen und wie wir sie schützen können*, München 2018

49 Prozent des deutschen Waldes befinden sich in Privatbesitz. Die meisten Waldeigentümer sind bestrebt, ihren Wald für ihre Nachkommen zu erhalten. Entsprechend umsichtig bewirtschaften sie ihn. Viele haben sich in der „Arbeitsgemeinschaft naturgemäße Waldwirtschaft" organisiert, die sich, nach dem Krieg gegründet, immer näher an die Idee des ungezähmten Wald*es* heranwagt. Privatwaldbesitzer kommen nach Lübeck und Göttingen, um sich zu informieren und sich Anregungen für den eigenen Forstbetrieb zu holen.

Nach der Wiedervereinigung wurde auch ein Großteil des ehemaligen DDR-Staatswaldes privatisiert. Der Anteil des öffentlichen Waldes in Landeseigentum liegt heute bei rund 30 Prozent. Unsere Marktwirtschaft ist privatwirtschaftlich organisiert, und das ist auch sinnvoll. Wald, der den Ländern gehört, hat für mich aber nur dann eine Berechtigung, wenn hier eben nicht das Primat der Ökonomie herrscht, sondern Biodiversität, Naturschutz und die Erhaltung natürlicher Lebensräume im Vordergrund stehen. Die Erzeugung von Holz ist auch in diesen Wäldern wichtig und notwendig, darf aber nicht der dominante Faktor sein und das Erreichen der anderen Ziele gefährden oder gar verhindern.

Oftmals geben die Landesforste jedoch leider kein gutes Beispiel. Sie bauen ihre Wälder mit „Klimabaumarten" um und pflanzen „Turbobaumarten" wie den schnellwachsenden Blauglockenbaum (*Paulownia tormentosa*; seine Heimat ist Zentral- und Westchina) oder vermeintlich trockenheitsresistentere Nadelbaumarten wie die nordamerikanische Douglasie oder die Riesentanne (*Abies grandis*). In Plantagenforsten sollen sie die errechneten Holzerntemengen weiterhin garantieren. Aber diese neuen Wälder werden der ursprünglichen Waldlebensgemeinschaft keine Heimat bieten, oder allenfalls eine sehr eingeschränkte.

Das Klima hat sich in den vergangenen 30 Jahren deutlich verändert, und vermutlich wird sich dieser Prozess weiter beschleunigen. Alle Partner der Lebensgemeinschaft Wald werden sich den neuen

Bedingungen anpassen müssen und auch können – wenn wir ihnen die Chance dazu einräumen! Von den verantwortlichen Politikern wünsche ich mir, dass sie ihre Forstverwaltungen beauftragen, den Landeswald in die Freiheit zu entlassen. Lassen wir zu, dass die heimischen Wälder sich wieder zu reifen Ökosystemen entwickeln, dass sie alt und dicht werden, wie in diesem Buch beschrieben! Nehmen wir den Förstern den Druck, maximale Profite zu erzielen! Nehmen wir den Auftrag der Bundes- und Landeswaldgesetze ernst, in denen Naturschutz, Erholung und Holzerzeugung als gleichrangige Ziele des öffentlichen Waldes festgeschrieben sind!

Ein Blick auf unser Nachbarland Luxemburg zeigt, wie es gehen könnte. Dort werden Naturschutz und Waldnutzung nicht als Gegensätze, sondern als gemeinsame Aufgabe betrachtet, als zwei Seiten einer Medaille, die beide in das Ressort des Ministeriums für Umwelt, Klima und nachhaltige Entwicklung fallen. Die Luxemburger Förster arbeiten in der Natur- und Wälderverwaltung (französisch „Administration de la nature et des forêts", ANF) und sind damit nicht nur für die Erhaltung des öffentlichen Waldes und für die Aufsicht über die privaten Wälder zuständig, sondern gleichzeitig eingebunden in die Aufgaben der Naturverwaltung.[52] Sie arbeiten eng und gleichberechtigt mit den anderen Experten für Waldlebensräume zusammen. Das ist ein ganz anderes Selbstverständnis als

52 Die Aufgabenliste der Luxemburger Naturverwaltung zeigt den ganzheitlichen Ansatz bei der Waldbehandlung:
Umsetzung des nationalen Naturschutzplans, Umsetzung des nationalen Forstwirtschaftsprogramms; Bewirtschaftung von Schutzgebieten; Schutz, Pflege und Wiederherstellung von Lebensräumen; Aufsicht über die nachhaltige Bewirtschaftung der privaten Forstgebiete, Verbesserung der privaten forstwirtschaftlichen Strukturen; Sensibilisierung und Aufklärung der Öffentlichkeit über Forstwirtschaft und Naturschutz; Überwachung von Arbeiten, die zur Verbesserung von Naturlandschaften mit staatlicher Hilfe ausgeführt werden; Umsetzung der gesetzlichen Bestimmungen und Vorschriften im Bereich Naturschutz, Wälder und Jagd.
vgl. www.guichet.public.lu/de/organismes/organismes_entreprises/administration-nature-forets.html

hierzulande, wo die Förster als „Landnutzer für Holzproduktion" dem Landwirtschaftsministerium unterstellt sind, wohingegen der Naturschutz unter die Verantwortlichkeit des Umweltministeriums fällt. Mit anderen Worten: Naturschutz und Waldbewirtschaftung werden hierzulande als Gegensätze gefasst. Es gibt unendlich viele Beispiele, wie die Lebensgemeinschaft Wald unter diesem unnötigen Interessenskonflikt leidet.

Wie es aussieht, wenn Naturschutz und Forstwirtschaft an einem Strang ziehen, zeigt das Beispiel der Gemeinde Berdorf bei Echternach in Luxemburg. Im Berdorfer Gemeindewald findet sich europaweit die größte bisher bekannte Dichte an Waldfledermäusen. Allein die Bechsteinfledermäuse haben hier vier Kolonien. In Deutschland würde ein solcher Wald umgehend unter Naturschutz gestellt, jegliche weitere Eingriffe wären somit verboten. Dahinter steckt ein „Käseglocken-Denken": Wenn man den Ist-Zustand einfriert, eine Käseglocke über den Wald stülpt, ist alles gut. In Luxemburg herrscht eine andere Sichtweise. Hier ist Holz das Ergebnis von verantwortungsbewusster Ökosystempflege. Die gezielte Ernte alter, wertvoller Bäume gehört zum Konzept, um den Lebensraum der Fledermäuse so lange wie möglich zu erhalten. Dahinter steht die Einsicht, dass Wald kein starres Gebilde ist, dessen Status quo sich festschreiben lässt, sondern ein lebendiger Organismus, der sich stetig ändert – und damit auch die Lebensbedingungen für die Waldfledermäuse. Lebensraumschutz und Holznutzung müssen keine Gegensätze sein, wie der Gemeindewald Berdorf meines Erachtens in hervorragender Weise zeigt.

Luxemburg ist für mich eine Blaupause: Die Waldpflege sollte dem Umweltministerium unterstellt werden, Naturschutz und Holznutzung sollten eine gemeinsame Aufgabe sein und sich zum Wohle des Waldes ergänzen. Auf diese Weise könnte ein Verbund von ungezähmten Waldflächen mit relevanter Größe und Vernetzung entstehen.

In Deutschland gibt es 1,8 Millionen Privatwaldbesitzer. Einige Privatwälder sind über 30.000 Hektar groß, die Durchschnittsgröße liegt jedoch bei 3 Hektar. Alle Waldeigentümer eint, dass sie ihren Wald wohlbehalten an Kinder und Enkelkinder weitergeben wollen. Waldbesitzer sind sozusagen die Verkörperung der Nachhaltigkeit in Person.

Dies gilt für die bäuerlichen Plenterwälder im Schwarzwald bis zu den Aufforstungen in der Lüneburger Heide. Im 19. Jahrhundert haben viele Kleinadelige Wald als „Schatullgüter“ erhalten, von denen sie dank sorgfältigem Umgang bis heute leben. Viele der Kleinstwaldbesitzer bewirtschaften ihre Wälder gar nicht, weil es sich auf der kleinen Fläche nicht lohnt, und freuen sich an der entstehenden Wildnis. Durch ihre Teilnahme an der Arbeitsgemeinschaft naturgemäße Waldwirtschaft und im Zuge der Schaffung eines Verbundsystems „ungezähmter Wälder“ sind viele von ihnen auf einem guten Weg. Den anderen kann ich nur Mut machen, diesen Weg ebenfalls auszuprobieren.

Kritiker werden einwenden, dass es unmöglich ist, den derzeitigen Holzbedarf mit ungezähmtem Wald zu decken. Dem möchte ich entgegenhalten, dass Angesichts der Geschwindigkeit, mit der sich momentan die klimatischen und biologischen Rahmenbedingen ändern, heutzutage niemand voraussehen kann, ob eine Holzplantage ihr Wirtschaftsziel tatsächlich erreichen wird. Vielmehr scheinen sich in den Wäldern, die uns die bisherige Forstwirtschaft beschert, die Katastrophen zu mehren. Diese Wirtschaftswälder zeigen sich anfälliger für Windwurf, Trockenperioden, Schadinsektenbefall. Im ungezähmten Wald geht es *auch* um die Holzerzeugung, aber möglichst schonend, nachhaltig und im Einklang mit der Sicherung der heimischen Waldlebensgemeinschaft. Meiner Meinung nach ist dies der einzig sinnvolle Weg, damit wir auch zukünftig Holz in relevantem Maße ernten können. Holz ist ein nur begrenzt verfügbarer Rohstoff, das wusste schon Carl von Carlowitz. Er ist kostbar, und nur wenn wir weltweit verstehen, dass die Wälder die wichtigste Grundlage für ein gutes Leben von uns Menschen bilden, werden wir den Kampf gegen die Klimaerwärmung gewinnen können. In diesem Sinne geht mein Wunsch, bei der Schaffung und Erhaltung ungezähmter Wälder mitzuhelfen, auch an Holzverarbeiter und Holzkunden, also an alle Menschen in unserem Land.

Geben wir dem ungezähmten Wald mehr Raum. Wagen wir mehr Wildnis!

Zu guter Letzt – Dank

Die Idee, den Wald mit anderen Augen zu betrachten, entstand um 1990 in einem kleinen Kreis von Förstern, Naturschützern und Umweltaktivisten. Natürlich ist das auf dem „Misthaufen" früherer Vordenker entstanden. Die Vorstellung, dass das Nichtgestalten des Waldes ein besserer Weg sein könnte, war absolut neu. Förster und Waldarbeiter der beiden Stadtwälder Lübeck und Göttingen haben seitdem gemeinsam am ungezähmten Wald gelernt, ihre Beobachtungen und Erfahrungen vielfältig geteilt und sie bei der Gestaltung des neuen Wegs eingebracht. Der ungezähmte Wald ist ein Gemeinschaftsprojekt, und seinen bisherigen

Erfolg verdankt er neben den Mitarbeitern der Stadtwälder auch vielen engagierten Bürgern.

Der Stadtrat von Göttingen und der Senat von Lübeck mussten zunächst überzeugt werden. Heute stehen sie hinter dem neuen Weg und sind stolz auf ihre ungezähmten Wälder.

Es war von Anfang an unser Ehrgeiz, den Wald *besser* zu verstehen. Dabei war klar, dass immer nur Teilaspekte dieses komplexen Ökosystems erfasst werden können und ein *vollständiges* Verstehen eine nicht endende Lebensaufgabe ist. Messen und Zahlen Erheben war der Weg zu einem Teilverständnis, und das wurde in beiden Stadtwäldern zur neuen Leidenschaft. In Lübeck wurde die „Kontrollstichprobe" als Erfassungsmethode der Waldinventur so weit entwickelt, dass neben den reinen Baumdaten auch möglichst viele andere Parameter des Waldlebensraums in den Fokus rückten. In Göttingen haben Förster und Waldarbeiter jahrelang nach jeder Holzernte die bearbeiteten Waldteile neu vermessen. Dabei sammelten sie eine riesige Menge an Daten, die im nächsten Schritt ausgewertet werden mussten. Knut Sturm widmete sich dieser Aufgabe mit Leidenschaft, zuerst in seiner Funktion als freier Mitarbeiter und Forstberater beider Stadtwälder, später als Leiter des Lübecker Stadtwalds. Für seine Analysen hat er zahlreiche Experten zu Rate gezogen. Gemeinsam war auf diese Weise schnell zu erkennen: Der ungezähmte Wald wächst *anders* als der forstlich gestaltete, „gezähmte" Wald, den wir bis dato kannten. Ohne Knuts Arbeit wäre dieses Buch nicht möglich gewesen.

Bei der Entstehung dieses Buches haben Freunde und Wegbegleiter mit Anregung und Kritik geholfen, es zur hier vorliegenden Form zu bringen. Mein wichtigster Prüfstein, ob die Texte brauchbar sind, war Monika, meine Frau. Entscheidende Impulse zu Form und Klarheit des Textes hat mein Bruder Christoph beigetragen. Anschließend hat Marten Brandt als Lektor für die angenehme Lesbarkeit gesorgt.

Allen gilt mein Dank.

Quellen und weiterführende Literatur

Aus der schier unendlichen Menge an Literatur sei zu jedem

Kapitel im Folgenden lediglich die Literatur aufgeführt, die unmittelbar als Grundlage dieses Buches diente und für die Leserschaft, die sich intensiver mit einzelnen Themen beschäftigen möchte, von verstärktem Interesse sein mag.

Prolog – Kein schöner Land: Natur- und Waldverständnis in Europa

- U. Breymayer / B. Ulrich: *Unter Bäumen. Die Deutschen und ihr Wald*, 2011
- Decimus Magnus Ausonius: *Mosella*. Hrsg. von Paul Dräger, Trier 2001

Schlüsselmomente

- F. J. Halter: *Der Urwald Ktokar/Slowenien – eine forstgeschichtliche, vegetationskundliche und waldbauliche Studie*, 1995
- H. Leibundgut: *Europäische Urwälder*, 1993

Der ungezähmte Wald – ein neuer Denkansatz

- Bettina Borgemeister: *Die Stadt und ihr Wald*, 2005
- H. C. von Carlowitz: *Silvicultura oeconomica*, 1713 (Faksimile)
- G. L. Hartig: *Anweisung zur Holzzucht für Förster*, 1791. Hg. Georg-Ludwig Hartig-Stiftung, 1991
- F.-K. Hartmann / G. Jahn: *Waldgesellschaften des mitteleuropäischen Gebirgsraumes nördlich der Alpen*, 1967
- Walter Kremser: *Niedersächsische Forstgeschichte*, 1990
- Hannes Mayer: *Waldbau auf soziologisch-ökologischer Grundlage*, 1977
- Horst Stern: *Rettet den Wald*, 1984
- Knut Sturm: *Prozessschutz*, 1993
- Heinrich Walter: *Allgemeine Geobotanik*, 1973

Grundlagen für den neuen Denkansatz

- Bundesamt für Naturschutz: *Biodiversität – Netzwerk des Lebens*, 2001
- V. G. Gorschkow / V. V. Gorschkow / A. M. Makarieva: *Biotic Regulation of the Environment*, 2000
- H. Haber: *Biodiversität – ein neues Leitbild und seine Umsetzung in der Praxis*, 2002
- Stefano Mancuso / Alessandra Viola: *Die Intelligenz der Pflanzen*, 2015
- Josef H. Reichholf: *Die Zukunft der Arten*, 2006
- Scheffer und Schachtschabel: *Lehrbuch der Bodenkunde*, 2018
- C. Townsend / M. Begon / J. Harper: *Ökologie*, 2008
- H. Walter / S. Breckle: *Vegetation und Klimazonen*, 1999
- Peter Wohlleben: *Das geheime Leben der Bäume*, 2015

Wie lebt es sich im ungezähmten Wald?

- N. Bartsch: *Waldgräser*, 1994
- H. Ellenberg / Chr. Leuschner: *Vegetation Mitteleuropas mit den Alpen*, 2010
- H. M. Jahns: *Farne – Moose – Flechten*, 1980
- W.-U. Kriebitz et al.: *Waldspezifische Vielfalt der Gefäßpflanzen, Moose und Flechten*. In: Focus 2019, S. 164 ff.
- A. Kuhn / J. Bradtka / M. Blaschke: *Flechten in den Naturwaldreservaten Bayerns*. In: LWF aktuell 94/2013
- G. Möller / R. Grube / E. Wachmann: *Der Fauna-Käferführer I*, 2006
- Josef Settele: *Die Triple-Krise: Artensterben, Klimawandel, Pandemien*, 2020
- Lars Svensson et al.: *Der Kosmos-Vogelführer*, 2011
- V. Wirth / U. Kirschbaum: *Flechten einfach bestimmen*, 2014

Messbare Veränderungen

- A. Duda: *Vergleich forstlicher Managementstrategien*, 2006
- Hans D. Knapp / Siegfried Klaus / Lutz Fähser (Hg.): *Der Holzweg. Wald im Widerstreit der Interessen*, 2021
- D. Kraus / F. Krumm: *Integrative Ansätze als Chance für die Erhaltung der Artenvielfalt in Wäldern*, 2013
- Thorsten Welle / Knut Sturm / Martin Levin: *Erfahrungen aus den Stadtwäldern Lübeck und Göttingen.* In: *Der Holzweg*, München 2019, S. 353 ff.

Ausblick

- Peter Berthold: *Unsere Vögel. Warum wir sie brauchen und wie wir sie schützen können*, 2018
- R. Primack: *Naturschutzbiologie*, 1995
- Thorsten Welle et al.: *Alternativer Waldzustandsbericht 2018*
- T. Wohlgemuth / A. Jentsch / R. Seidl: *Störungsökologie*, 2019

Wo finde ich ungezähmte Wälder?

Ungezähmte Waldgebiete gibt es im Stadtwald Lübeck, im Stadtwald Göttingen, im Stadtwald Meinigen/Thüringen und im Gemeindewald Quierschied im Saarland. Wie alle Wälder unseres Landes kann jeder sie aufsuchen und sich anschauen. Bei weiteren Anfragen nach Informationen zu diesen Wäldern oder auch nach geführten Touren wenden Sie sich bitte an die Adressen der jeweiligen Forstverwaltungen. Wer sich weiter theoretisch zum ungezähmten Wald informieren möchte, findet Material bei der Naturwaldakademie in Lübeck. Wer im nahen Ausland ungezähmten Wald erleben will, dem sei der Gemeindewald Berdorf bei Echternach in Luxemburg empfohlen.

Adressen und Ansprechpartner:
Stadtwald Lübeck
Alt Lauerhof 1
23568 Lübeck
stadtwald@luebeck.de

Stadtwald Göttingen
Im Rinschenrott 11
37079 Göttingen
stadtforstamt@goettingen.de

Stadtwald Meinigen
Fachbereich Stadtentwicklung der Stadt Meinigen
Schlossplatz 1
98617 Meinigen
Ansprechpartner: Sebastian Dummer
dummer@stadtmeinigen.de

Saarforst – Revier Prozessschutz
Klingelfloß
66571 Eppelborn
Ansprechpartner: Roland Wirtz
r.wirtz@sfl.saarland.de

Naturwald Akademie gGmbH
Roeckstrasse 40
23568 Lübeck
luebeck@naturwald-akademie.org

Gemeinde Berdorf/Luxemburg
5, rue de Consdorf
L-6551 Berdorf
Ansprechpartner für den Gemeindewald: Fränk Adam
frank.adam@anf.etat.lu

Edel Books
Ein Verlag der Edel Verlagsgruppe

Neumühlen 17, 22763 Hamburg
www.edel.com

Projektkoordination: Dr. Marten Brandt
Lektorat: Dr. Marten Brandt, Tobias Rothenbücher
Layout und Satz: Datagrafix GSP GmbH, Berlin | www.datagrafix.com
Coverdesign: Rothfos & Gabler
Umschlaggestaltung: Groothuis. Gesellschaft der Ideen und Passionen mbH | www.groothuis.de
Lithografie: Frische Grafik
Gestaltung der Bildstrecke: Groothuis. Gesellschaft der Ideen und Passionen mbH | www.groothuis.de

Druck und Bindung: GGP Media GmbH, Pößneck

Dieses Buch wurde auf FSC-zertifizierten Papier aus nachhaltiger Forstwirtschaft gedruckt und mit mineralölfreien Druckfarben hergestellt.

Printed in Germany

ISBN 978-3-8419-0825-4